侯 宁 赵红梅 著

详论基于 MATLAB、DSP 及 FPGA 的通信系统仿真与开发

吉林大学 出版社

图书在版编目（CIP）数据

详论基于 MATLAB、DSP 及 FPGA 的通信系统仿真与开发 / 侯宁，赵红梅著．—长春：吉林大学出版社，2018.7
ISBN 978-7-5692-2789-5

Ⅰ．①详… Ⅱ．①侯… ②赵… Ⅲ．①通信系统－系统仿真②通信系统－系统开发 Ⅳ．① TN914

中国版本图书馆 CIP 数据核字（2018）第 186339 号

书　　名：详论基于MATLAB、DSP及FPGA的通信系统仿真与开发
XIANGLUN JIYU MATLAB、DSP JI FPGADE TONGXIN XITONG FANGZHEN YU KAIFA

作　　者：侯　宁　赵红梅　著
策划编辑：邵宇彤
责任编辑：刘守秀
责任校对：郭湘怡
装帧设计：优盛文化
出版发行：吉林大学出版社
社　　址：长春市人民大街 4059 号
邮政编码：130021
发行电话：0431-89580028/29/21
网　　址：http://www.jlup.com.cn
电子邮箱：jdcbs@jlu.edu.cn
印　　刷：定州启航印刷有限公司
开　　本：710mm×1000mm　　1/16
印　　张：16
字　　数：278 千字
版　　次：2018 年 7 月第 1 版
印　　次：2018 年 7 月第 1 次
书　　号：ISBN 978-7-5692-2789-5
定　　价：57.00 元

前　言

  近年来，随着微电子技术、数字信号处理技术的飞速发展，数字信号处理器 (Digital Signal Processor，DSP) 和现场可编程门阵列 (Field Programmable Gate Array，FPGA) 取得了巨大进步，在处理速度、运算精度、处理器结构、指令系统、指令流程等方面都有了较大提高，并迅速在语音、雷达、声呐、地震、图像、通信系统、系统控制、生物医学工程、遥感遥测、地质勘测、航空航天、电力系统、故障检测、自动化仪表等众多领域获得了广泛应用。在这样一个新的历史时期，笔者认为对 MATLAB、DSP 及 FPGA 三大系统进行一次分析，以引导更多从业人员积极进行学习是很有必要的。

  本书详细介绍了现代通信系统各个组成模块的基本概念、基本原理、基本技术和典型 MATLAB、DSP 及 FPGA 实现，通过实用的例程加深读者对通信模块的理解，使其快速掌握通信系统中不同平台的开发。希望本次研究可以对我国的通信事业发展有所帮助，也希望可以帮助到各位读者。

  另因本书撰写历时漫长，书中不足之处望加以指正。

2018 年 4 月

目 录

第一章 绪 论

第一节 MATLAB 应用导论

一、MATLAB 概述

MATLAB 的首创者是在数值线性代数领域颇有影响的 Cleve Moler 博士，他开发了 MATLAB 软件。Moler 博士等一批数学家和软件专家组建了 Math Works 软件公司，专门从事 MATLAB 的改进与扩展工作。MATLAB 有以下几个特点。

第一，MATLAB 以矩阵作为基本编程单元，使矩阵操作非常便捷。

第二，MATLAB 语句书写简单，语法也不复杂，各种表达式书写如同在草稿纸上演算一样，与人们的手工运算相近，容易使用。

第三，MATLAB 语句功能强大，一条语句往往相当于其他高级语言中的几十条、甚至上百条。例如，C 语言 FFT 子程序有 70 多行，而 MATLAB 只需一个 fft 函数即可实现对序列的 FFT 计算。所以，将其用于数字信号处理实验，可以大大提高实验效率。

第四，MATLAB 系统具有丰富的图形功能。MATLAB 具有良好的用户界面，而且提供了丰富的图形显示函数，可满足各个行业人员直观、方便地进行分析、计算和设计工作。

第五，MATLAB 提供了许多面向应用问题求解的工具箱 (Toolbox) 函数，从而大大方便了各个领域的研究需要。例如，信号处理工具箱 (Signal Processing Toolbox) 就提供了大量的信号处理函数。

通信系统中的数字信号处理概念比较抽象，而且其数值计算相对烦琐，非常适合用 MATLAB 来进行研究和计算。现在 MATLAB 已经成为世界范围内公认的解决数字信号处理问题的标准软件。

二、MATLAB 的使用

(一)窗口说明

启动 MATLAB 软件(以 MATLAB 6.x 为例),会弹出启动窗口。该窗口通常称为 MATLAB 主窗口。在主窗口中,选择"View"菜单中的选项,可以打开以下子窗口:

1. 在命令窗口 (Command Window) 下可以直接输入 MATLAB 命令行并执行。命令窗口中的符号"≫"表示该行是一条命令,而没有该符号的行显示的是命令执行后的结果。

2. 命令历史窗口 (Command History) 显示曾经在命令窗口中输入过的命令。

3. 当前路径窗口 (Current Directory) 显示当前工作目录下的文件。

4. 工作空间窗口 (Work Space) 显示变量信息,如变量的当前值等。

5. 帮助窗口 (Help) 显示帮助文档。MATLAB 的帮助文档中提供了详细的使用说明,尤其是函数说明都辅以相应的例子进行解说。帮助窗口是学习和使用 MATLAB 的常用工具。

在命令窗口中直接输入"help 函数名",可以得到函数的简要说明。例如,输入"help sin",可以得到正弦函数使用的简要说明。

6. 编辑器窗口 (Editor) 对应的是 MATLAB 软件自带的文档编辑器窗口。该窗口是独立于主窗口之外的,用户可以编辑、调试自己的 M 文件。在不同版本的 MATLAB 下激活"Editor"编辑器的方法略有区别,在 MATLAB 6.x 主窗口的菜单栏"File"中,通过单击"New"(新建文件)或"Open"(打开文件)激活"Editor"窗口。在 MATLAB 7.x 版本中,可以单击"Desktop"→"Editor"命令,激活"Editor"窗口。

在 MATLAB 中设置了一组对功能窗口进行操作的函数,可以在命令窗口或程序中使用。对功能窗口的常用操作函数见表 1-1。

表 1-1　对功能窗口的常用操作函数

函数名	功　能	使用说明
clc	清屏,清除命令窗口下显示的内容	
clear	清除工作空间中存储的变量	
mhos	查看所有变量特征或者指定变量特征	mhos 或者 mhos x

续　表

函数名	功　能	使用说明
close	关闭当前绘图窗口或所有绘图窗口	close 或者 close all
edit	打开 M 文件编辑器	
exit	退出 MATLAB	

（二）MATLAB 文件搜索路径设置

在 MATLAB 中有两类程序文件：一类是命令文件，另一类是函数文件，它们的扩展名都是 ".m"，常称为 M 文件。命令文件中的语句一般通过一定的逻辑控制来实现特定的工作流程，还可能进行一些简单的计算，而工作流程中一些通用的计算或处理一般则由函数文件所描述的函数来完成。MATLAB 的函数输入参数可以是多个，函数执行后的返回值也可以是多个，这与很多高级语言是不同的。

由于 MATLAB 是通过搜索路径来寻找 M 文件并执行的，因此 MATLAB 的系统文件、工具箱函数以及用户自己编写的文件都应在搜索路径之内，所有不在此搜索路径中的文件是无法执行的。下面详细介绍将文件添加到搜索路径的方法（以 MATLAB 7.x 版本为例）。

1. 在磁盘建立一个文件夹，用来存放编好的程序。例如，在 D 盘新建一个目录，名称可以用姓名的拼音加学号后 4 位（如 zhangwan1234)，建好以后，该文件夹的路径为 D：\zhangwan1234。

2. 在菜单栏中单击 "File" → "Set Path" 命令。

3. 单击 "Add Folder" 按钮，会弹出一个 "浏览文件夹" 窗口，选中 M 文件存放的文件夹，单击 "确定" 按钮后浏览文件夹窗口消失，此时必须单击 "Save" 按钮，这样刚才指定的文件夹路径才会存入 MATLAB 默认的搜索路径。

4. 单击 "Add with Subfolders" 按钮，将指定文件夹内的所有子文件夹也加入 MATLAB 默认的搜索路径中，单击 "Save" 按钮保存设置。当用户将文件分开存放，如将命令文件和函数文件分别存放在同一文件夹下的不同子文件夹中时，单击 "Add with Subfolders" 按钮是很实用的方法。

（三）程序的编写和调试

M 文件可以在任何文本编辑器下编写，一般建议在 MATLAB 自带的编辑器下编写，以方便调试。注意，要想在 "Editor" 编辑器中调试程序，需要在 MATLAB 主窗口中激活 "Editor" 窗口。

　　M 文件的文件名由字母、数字和下划线构成，并且必须以字母开头，中间不能加空格，不能使用中文字符。函数文件的名称必须和函数名相同。

　　在"Editor"窗口的菜单栏中单击"Debug"→"Run"命令即可执行程序。另外，"F5"键是执行程序的快捷键。在"Debug"或者"Breakpoints"下拉菜单中，可以看到有很多辅助用户调试的选项，如"Step"（单步执行）、"Set/Clear BreakPoint"（增加/清除断点）等。如果程序运行出错，在命令行窗口会出现红色的文字提示，单击提示文字，则光标会定义到出错的程序代码，极大地方便了用户调试。最常见的错误有冒号和分号混淆。

三、MATLAB 语言

（一）MATLAB 变量和数值表示

　　MATLAB 是高级的矩阵/阵列语言，它具有控制流向语句、函数、数据结构、输入/输出及面向对象编程等特色。它既适用于可立即得到结果的小程序编程，又适用于完整求解复杂应用问题的大程序编程。

　　1. 变量

　　MATLAB 最基本、最重要的功能就是进行实数或复数的矩阵运算。MATLAB 的基本变量均代表一个矩阵，向量和标量均作为特殊的矩阵来处理，可以很方便地进行向量和标量的运算。矩阵一般由语句和函数产生，也可以从外部的数据文件读入。

　　变量名由字母、数字或下划线构成，并且必须以字母开头。MATLAB 区分大小写字母，所以 A 和 a 是不同的变量。对变量的赋值一般采用赋值语句：

　　"变量 = 表达式"或者"变量 = 表达式"；

　　一般表达式的结果为矩阵，它赋值给等号左边的变量。如果语句末尾不加分号，则变量值会显示在命令行窗口，否则不显示。

　　MATLAB 中提供了一些固定变量，如 ans，pi，Inf，NaN，一般用户给变量取名字时，不要跟这些名称一样，否则用户自定义的变量值会取代固定变量的值，易导致不容易检查出来的错误。常用的固定变量有以下四种。

　　（1）ans：在没有定义变量名时，系统默认变量名为 ans。例如，在命令行窗口输入 3，按"Enter"键，则屏幕显示 ans=3。

　　（2）pi：变量 pi 就是数学上的 π。

　　（3）Inf：变量 Inf 表示无穷大，当程序中出现除数为 0 时，得到结果就是 Inf。

　　（4）NaN：变量 NaN 表示不确定值，它由 Inf/Inf 或者 0/0 的运算产生。

2. 数值

MATLAB 中采用十进制数，并且可以用科学计数法表示很大的数或者很小的数，如 1e6 就是十进制的 1 000 000，1e-6 就是十进制的 0.000 001。

i 或 j 是虚数符号，3+4i 和 3+4j 表示同一个复数。注意虚数符号必须写在实数之后。i 或 j 也可以作为一般变量使用，系统能够自动识别它是虚数符号，还是一般变量。例如，在没有给 i 和 j 赋值的情况下，在命令行窗口输入 i-j，则显示结果为 0。

（二）矩阵基础

1. 矩阵产生（变量产生）

MATLAB 的基本变量均代表一个矩阵。通常采用输入元素列表或者利用各种函数产生矩阵。

（1）输入元素列表法

输入元素列表时，按下列约定输入：

①矩阵中所有元素用方括号括起来。

②矩阵行中的元素以空格或逗号间隔。

③矩阵行与行之间用分号或者回车间隔。

例如，在命令窗口输入

    a=[1，2，3；4，5，6；7，8，9]

按"Enter"键执行后，则显示

    a=

        1 2 3

        4 5 6

        7 8 9

利用冒号操作符可以更便捷地产生矩阵。例如,b=[0：2：10] 表示从 0 开始，以 2 为步长（步长为 1 可省略），一直递增到 10，产生一个矩阵，该语句执行的结果为

    b=

        0 2 4 6 8 10

（2）函数法

MATLAB 中的矩阵可以通过标准的 M 文件函数产生，下面介绍一些常用的矩阵函数。

① ones：产生元素全 1 矩阵函数。ones(N) 产生一个 $N \times N$ 的全 1 矩阵，

ones(M，N) 产生一个 $M \times N$ 的全 1 矩阵。

例如，产生 2 行 2 列的矩阵。在命令窗口输入 a=ones(2)，执行结果为

    a=

        1 1

        1 1

再如，产生一个 2 行 4 列的全 1 矩阵。在命令窗口输入 a=ones(2，4)，执行结果为

    a=

        1 1 1 1

        1 1 1 1

② zeros：产生全 0 的矩阵。用法与 ones 一致，只是产生的矩阵元素都是 0。

③ eye：产生单位矩阵。

例如，产生 3×3 的单位矩阵。在命令窗口输入 a=eye(3)，执行结果为

    a=

        1 0 0

        0 1 0

        0 0 1

④ rand：产生（0，1) 之间服从均匀分布的随机矩阵。

⑤ rand：产生服从均值为 0、方差为 1 的正态分布的随机矩阵。

2. 矩阵下标

矩阵中的每一个元素可以用括号中的下标表示，a(i，j) 表示矩阵中处于第 i 行第 j 列的元素。利用冒号，可以表示一个向量或子矩阵，a(：，j) 表示第 j 列元素组成的向量，a(i，：) 表示第 i 行元素组成的向量，而 a(i：j，k：m) 则表示一个 $(j-i+1) \times (m-k+1)$ 的子矩阵。例如，如果

    a=

        1 2 3

        4 5 6

        7 8 9

则，a(1，3)=

        3

a(：，3)=

        3

        6

9

a(3, :) =

　7 8 9

a(2 : 3, 2 : 3)=

　5 6

　8 9

3. 矩阵转置

常用的矩阵转置操作符见表 1-2。

表 1-2　矩阵转置操作符

'	矩阵共轭转置	.'	矩阵转置

例如：a=

　　1+2i 3+4i

　　5+6i 7+8i

则在命令窗口输入 a' 得到

ans=

　　1−2i 5−6i

　　3−4i 7−8i

则在命令窗口输入 a.' 得到

ans=

　　1+2i 5+6i

　　3+4i 7+8i

（三）MATLAB 算术运算

MATLAB 基本的算术运算操作符见表 1-3。

表 1-3　基本算术运算操作符

运算符	说　明	运算符	说　明
+	加法	.+	点加，矩阵元素对应相加，与加法效果相同
−	减法	.−	点减，矩阵元素对应相减，与减法效果相同
*	乘法	.*	点乘，矩阵对应元素相乘

运算符	说　明	运算符	说　明
/	除法	./	点除，矩阵对应元素相除
\	左除	.\	点左除，矩阵对应元素左除
^	乘方	.^	点乘方，矩阵对应元素乘方

　　MATLAB 的算术运算分为矩阵运算和矩阵数量运算。进行运算的矩阵其大小必须严格符合线性代数的规则。用点符号"."（即句点号）来区分矩阵运算和矩阵数量运算。对于加法和减法运算而言，两者的运算规则是相同的，所以没有点加".+"和点减".-"。

　　1. 加法和减法

　　A+B 和 A-B 是最简单的算术运算，其中 A 与 B 应该具有相同的维数。

　　2. 乘法和点乘

　　（1）矩阵乘法，C=A*B，完成矩阵 A，B 的线性代数积，即

$$C(i,j) = \sum_{k=1}^{n} A(i,k) B(k,j)$$

　　（2）矩阵数量乘法，C=A.*B，完成 A，B 的对应元素相乘，即 $C(i,j)=A(i,j)B(i,j)$，A 如果是 1 维矢量（即标量），则"."可省略。

　　要注意的是，矩阵的乘法和点乘的结果是不同的。例如 A=[1，2]，B=[3，4]，则 A.*B=[3,8]，因为此点乘是对应元素相乘；而 A*B'=11，因为此乘法是矩阵相乘。

　　3. 除法和点除

　　（1）除法

　　除法分为右除和左除。

　　①右除。A/B 完成矩阵的右除，相当于 A 乘 B 的逆阵，即 A*inv(B)，B 必须是方阵。

　　②左除。A\B 完成矩阵的左除，相当于 A 的逆阵乘 B，即 inv(A)*B，A 必须是方阵。

　　（2）点除

　　点除分为点右除和点左除。

　　①点右除。C=A./B 完成矩阵 A，B 对应元素相除的运算，即 $C(i,j)=A(i,j)/B(i,j)$。

②点左除。C=A.\B 完成矩阵 A，B 对应元素左除的运算，即 $C(i, j)=B(i, j)/A(i, j)$。

4.乘方和点乘方

（1）乘方

①p 为标量，X 为矩阵，则 X^p 为计算矩阵 X 的 p 次幂。

②x 为标量，P 为矩阵，则 x^P 的计算用到矩阵 P 的特征值和特征向量，不是一般意义上的乘方运算。

③X、P 都为矩阵时，X^P 的操作无法求解，会提示语法错误。

（2）点乘方

C=A.^B 是矩阵元素对元素的乘方，即 $C(i, j)=A(i, j).^B(i, j)$。

（四）MATLAB 关系和逻辑运算

1.关系运算

在 MATLAB 中，有 6 个关系操作符，见表 1-4。

表 1-4 关系操作符

关系操作符	含 义
<	小于
< =	小于或等于
>	大于
> =	大于或等于
==	等于
~ =	不等于

若关系运算的结果是 1，则表明为真；若关系运算的结果是 0，则表明为假。

例如：A=[1，2；4，6]

B=[2，4；7，3]

C=(A ＞ B)

则输出结果为

C=

0 0

0 1

2. 逻辑运算

在 MATLAB 中，有三种逻辑运算符，见表 1-5。

表 1-5　逻辑运算符

逻辑运算符	含　义
&	与
I	或
~	非

若逻辑运算的结果是 1，则表明为真；若逻辑运算的结果是 0，则表明为假。

例如：a=12 ；

b=1 ；

if(a > 10)&(b==1)

a=a+3 ；

else

a=a−3 ；

end

则输出结果为

a=

15

（五）MATLAB 程序设计结构

MATLAB 与其他大部分计算机高级语言一样，有自己的设计结构。设计结构使 MATLAB 远远超出桌面计算器的范畴，使之成为一种高水平的矩阵计算语言，并得到了广泛应用。它的主要程序设计结构包括顺序结构、条件结构和循环结构三种。

1. 顺序结构

顺序结构是指按照程序中语句的排列顺序依次执行，直到程序的最后一条语句。

2. 条件结构

条件结构是指根据给定的条件成立或不成立，分别执行不同的语句。

MATLAB 用于实现条件结构的常见语句有 if 语句和 switch 语句。

（1）if 语句

在 MATLAB 中，if 语句有以下三种格式。

①单分支 if 语句。

语句格式：

  if 条件

    语句组

  end

含义：当条件成立时，执行条件下面的语句组。

②双分支 if 语句。

语句格式：

  if 条件

    语句组 1

  else

    语句组 2

  end

含义：当条件成立时，执行语句组 1，否则执行语句组 2。

③多分支 if 语句。

语句格式：

  if 条件 1

    语句组 1

  elseif 条件 2

    语句组 2

  …

  elseif 条件 m

    语句组 m

  else

    语句组 n

  end

含义：当条件 1 成立时，执行语句组 1；当条件 2 成立时，执行语句组 2……否则执行语句组 n。

（2）switch 语句

switch 语句根据变量或表达式的取值不同，分别执行不同的语句，其语句格式如下：

    switch 表达式或变量
    case 值 1
        语句组 1
    case 值 2
        语句组 2
    …
    case 值 m
        语句组 m
    otherwise
        语句组 n
    end

当表达式或变量满足值 1 时，执行语句组 1；当表达式或变量满足值 2 时，执行语句组 2……否则执行语句组 n。

3. 循环结构

循环结构是指按照给定的条件，重复执行指定的语句。MATLAB 实现循环结构的常见语句有 for 语句和 while 语句。

（1）for 语句

for 语句的格式如下：

    for 循环变量 = 表达式 1：表达式 2：表达式 3
        循环体语句
    end

其中，表达式 1 的值为循环变量的初值，表达式 2 的值为步长，表达式 3 的值为循环变量的终值。步长为 1 时，表达式 2 可以省略。

（2）while 语句

while 语句的一般格式如下：

    while 条件
        循环体语句
    end

其执行过程如下：若条件成立，则执行循环体语句。执行后再判断条件是否成立，如果条件仍然成立，则执行循环体语句；如果不成立，则跳出循环。

（六）数学函数和库函数

1. 数学函数

MATLAB 提供了一些基本数学函数，如正弦、余弦函数，也提供了一些特殊的数学函数，如贝塞尔函数。表 1-6 给出了 MATLAB 中常用的数学函数。

表 1-6　MATLAB 中常用的数学函数

数学函数	含 义	数学函数	含 义
abs(x)	求绝对值或复数的模	log(x)	以 e 为底的自然对数
acos(x)	反余弦函数	log10(x)	以 10 为底的常用对数
asin(x)	反正弦函数	max(x)	求最大值
stan(x)	反正切函数	min(x)	求最小值
ceil(x)	向正无穷大方向取整	real(x)	求复数的实部
conj(x)	求共轭复数	rem(x，y)	除法后求余数
cos(x)	余弦函数	round(x)	四舍五入取整
exp(x)	指数函数	sign(x)	符号函数
fix(x)	向零方向取整	sin(x)	正弦函数
floor(x)	向负无穷大方向取整	sqrt(x)	求平方根
imag(x)	求复数的虚部	tan(x)	正切函数

这里重点介绍以下几个基本的数学函数。

（1）sin

格式：y=sin(x)

说明：求变量 x 的正弦值，三角函数都是面向矩阵中的元素操作的，并且其角度的单位均为弧度。

（2）cos

格式：y=cos(x)

说明：求变量 x 的余弦值。

（3）sqrt

格式：y=sqrt(x)

说明：求变量 x 的平方根。如果 x 是负值，则求出的是复数值。

（4）max

格式：m=max(x)

m=max(x，y)

说明：求最大值。当 x 是一个向量时，max(x) 用于计算 x 中的最大值。当 x 是一个矩阵时，max(x) 用于计算矩阵 x 中每个列向量的最大值。max(x，y) 用于计算 x 和 y 中相应元素的较大值，此时 x 和 y 是两个同维的向量或者矩阵。

（5）min

格式：m=min(x)

m=min(x，y)

说明：求最小值。

（6）fix

格式：y=fix(x)

说明：根据接近于 0 的原则，对变量 x 中的元素进行取整。

（7）floor

格式：y=floor(x)

说明：根据接近于负无穷大的原则，对变量 x 中的元素进行取整。

（8）ceil

格式：y=ceil(x)

说明：根据接近于正无穷大的原则，对变量 x 中的元素进行取整。

（9）round

格式：y=round(x)

说明：根据四舍五入的原则，对变量 x 中的元素进行取整。

2. 库函数

各类工具箱提供了适合于各种专门用途的库函数，如信号处理工具箱中提供了很多滤波器设计函数。用户还可以自己编写函数添加到 MATLAB 的函数库中。表 1-7 给出了 MATLAB 中常用的信号处理库函数。

表 1-7　MATLAB 中常用的信号处理库函数

波形产生和绘图	含　义
chirp	产生扫描频域余弦
gauspuls	产生高斯调制正弦脉冲
pulstran	产生脉冲串
sinc	产生 sinc 函数
square	产生方波
滤波器分析和实现	含　义
conv	线性卷积
filter	循环卷积
freq	模拟滤波器频率响应
freq	数字滤波器频率响应
HR 滤波器设计	含　义
besse1 Bessel	贝塞尔模拟滤波器设计
butter Butterworth	巴特沃斯滤波器设计
chevy1 Chebyshev	切比雪夫 1 型滤波器设计
chevy2 Chebyshev	切比雪夫 2 型滤波器设计
hellip	椭圆滤波器设计
FIR 滤波器设计	含　义
creme	等波纹 FIR 滤波器设计
fir1	基于窗函数的 FIR 滤波器设计
firrcos	升余弦 clr 滤波器设计
intfilt	插值 FIR 滤波器设计
变换	含　义
dct	离散余弦变换

续　表

变换	含　义
fft	一维 FFT 变换
hilbert	希尔伯特变换
dct	离散余弦逆变换
iffy	一维逆 FFT 变换

（七）MATLAB 绘图

MATLAB 绘图功能强大，提供了通用图形函数、二维图形函数、三维图形函数和特殊图形函数四类。其不仅可以在屏幕上显示图形，还可以对屏幕上已有的图形加注释、题头或坐标网格等。下面介绍几种常用的绘图函数及功能。

1.figure

格式：figure(n)

说明：打开编号为 n 的图形窗口，以供后续绘图函数输出图形。图形窗口编号 n 可省略。当没有打开的图形窗口时，直接使用绘图函数可以自动打开一个图形窗口。

2.subplot

格式：subplot(x，y，z)

说明：subplot 可将图形窗口分成矩形窗格，并按行编号，每个窗格上可建立一个坐标系，后续的绘图函数会在当前窗格上绘图。x 表示将图排成 x 行，y 表示将图排成 y 列，这样一个图形窗口被分成了 x 行 y 列个窗格。z 表示当前的窗格号，顺序为图形窗口左上角的为第一窗格，自左往右，自上而下，右下角为最后一个窗格。

3.plot

格式：plot(y，' cm')

　　　plot(x，y，' elm')

　　　plot(x1，y1，' elm'，x2，y2，'elm'，…)

说明：当 y 为实向量时，plot(y，' cm') 以向量 y 的序号为 X 轴坐标值、向量 y 的值为 Y 轴坐标值，连点成线绘制二维曲线。当 y 为复向量时，plot(y，'cm') 以向量 y 的实部为 X 轴坐标值、向量 y 的虚部为 Y 轴坐标值，连点成线绘制二维曲线。在后面几种格式中，虚部均被忽略。plot(x，y，' elm') 以向量 x 的值为 X 轴坐标值、向量 y 的值为 Y 轴坐标值，连点成线绘制二维曲线。

plot(x1，y1，'elm'，x2，y2，'elm'，⋯) 可按 (x1，y1)，(x2，y2)，⋯成对绘制
曲线，并且在同一坐标系中以不同形式显示。参数 c 为颜色符号，参数 l 表示
线型符号，参数 m 表示点的标记符号，绘图时若省略，系统会自动设置。颜色、
线型和标记的说明见表1-8。

表1-8　常用颜色、线型和标记

颜色C	含 义	线型l	含 义	标记m	含 义	标记m	含 义
r	红色	–	实线	+	加号	^	向上尖三角
g	绿色	--	虚线	o	圆圈	v	向下尖三角
b	蓝色	:	点线	*	星号	<	向左尖三角
k	黑色	-.	点画线	.	黑点	>	向右尖三角
w	白色			x	叉号	p	五角星
c	青色			s	正方形	h	六角星
y	黄色			d	菱形		
m	洋红						

4.stem

格式：stem(y，'cm')

stem(x，y，'elm')

说明：stem 的用法类似于 plot。不同之处在于，plot 用线段将若干个由 $(x，y)$
表示的点连接起来，而 stem 则是画一条从点 $(x，y)$ 到 X 轴的垂线。

5.legend

格式：legend('string1'，'string2'，⋯)

说明：配合绘图命令一起使用的插图说明，说明当前坐标系中的曲线，对
每一条曲线，legend 会在指定文本字符串的边上给出线型、标记及颜色。插图
说明框可利用鼠标移动。

6.title

格式：title('string')

说明：给当前坐标系加上标题。

7.label、label

格式：label('string')

label(' string')

说明：给当前坐标系的 X 轴和 Y 轴加上标记。

8.text

格式：text(x, y, ' string')

说明：在当前坐标系中指定位置 (x, y) 添加标注。

9.hold

格式：hold on

hold off

hold

说明：hold 函数是决定在当前坐标系中添加图形或者取代已绘制图形。hold on 表示保持当前图形，就是指在当前坐标系中加入新绘制的图形，以达到该坐标系中可以存在多条曲线的目的。hold off 则是将保持特性关闭，即表示每次进行绘图时都是在前一绘制的图形被删除的条件下进行。hold 可在 on 和 off 两种状态间切换。

10.grid

格式：grid on

grid off

grid

说明：grid on 是指把栅格线加入当前坐标系中。grid off 则表示清除栅格线。on，off 两种状态可以通过 grid 按键来实现转换。

11.axis

格式：axis([xmin xmax ymin ymax]）

说明：axis 用来设置当前坐标系的特性，smin 和 xmax 用来设定 x 轴绘图范围，ymin 和 vmax 用来设定 y 轴绘图范围。

12.set

格式：set(gca, ' stickmode', ' manual', 'stick', [x1, x2, x3, …]）

说明：set 用于设置图形对象的特性。set(gca, ' stickmode', ' manual', 'stick', [x1, x2, x3, …]）的作用是在 x 轴上的 x1, x2, x3, …位置，画垂直于 X 轴的点线。其中，gca 是当前坐标句柄，stickmode 和 stick 表示是对 X 轴的操作，manual 表示按照 [x1, x2, x3, …] 描述的位置画垂线。x1, x2, x3, …的值必须是单调递增的。

例如：

```
x=[0：0.5：10]；
a=5
b=10；
y=a./(x+b)；
subplot(2，1，1)；
plot(x，y，'r*--')；
c=15；
z=a./(X+C)；
hold on；
plot(x，z)；
hold off；
subplot(2，1，2)；
s=sqrt(x)；
plot(x，s)；
```

（八）MATLAB 数据的输入 / 输出

MATLAB 对文件的基本读写函数包括以下三个。

1.fopen

默认条件下，fopen 以二进制格式来打开文件，并能够从文件中查看对应的信息。

2.fclose

为了能使文件进行其他操作，打开的文件在使用后通常需要关闭掉，这是因为 fopen 命令会将打开的文件标记为"正在使用"，所以如果想对文件进行修改或删除等，需要使用 fclose 将这个标记清除掉。

3.printf

printf 能够按照用户指定的格式把数据打印成文本信息。根据调用参数的不同，printf 可以在文件或者屏幕上输出结果。

例如，把一个数组 x=[1，2，3，4，5，6，7，8，9，10，11，12] 打印输出到 data.txt 文本文档中，并将格式调整为 4 行 3 列。

```
x=[1，2，3，4，5，6，7，8，9，10，11，12]
fid1=fopen(' data，txt'，' W')；
printf(fid1，' data[%d]=｜\r'，12)；
```

```
       for j=1：12
          y=x(j)；
          if(j==12)
             printf(fid1，'%6d｝'，y)；
          else
             printf(fid1，'%6d，'y)；
          end
          if((mod(j，3)==0)&&(j > 1))
             printf(fid1，'\r')；
          end
       end
       fclose(fid1)；
```

在 MATLAB 主窗口打开 data.txt，其输出结果为

data[12]=｛

1，2，3，

4，5，6，

7，8，9，

10，11，12｝

（九）MATLAB 语言编程实例

例 1：建立两个图形窗口，将第一个图形窗口分成 4 个窗格，在各个窗格中依次画出 $\sin(2\pi x)$、$\cos(2\pi x)$、$\sin(2\pi x)$ 与 $\cos(2\pi x)$ 点乘、$\sin(2\pi x)+\cos(2\pi x)$ 的时域波形，分别采用不同的颜色；第二个图形窗口也分成 4 个窗格，在各个窗格中依次画出 4 个信号的 256 点 FFT 幅度频谱 (x 从 0 ~ 5，间隔为 1/8)。

```
       clear；
       clc；
       x=0：1/8：5；
       y1=sin(2*pi*x)；
       y2=cos(2*pi*x)；
       y3=y1.*y2；
       y4=y1+y2；
       % figure rank2*2
       figure(1)；
```

```
subplot(2, 2, 1);
plot(x, y1);
subplot(2, 2, 2);
plot(x, y2, 'r');
subplot(2, 2, 3);
plot(x, y3, 'g');
subplot(2, 2, 4);
plot(x, y4, 'k');
yf1=abs(fft(y1, 256));
yf2=abs(fft(y2, 256));
yf3=abs(fft(y3, 256));
yf4=abs(fft(y4, 256));
figure(2);
subplot(2, 2, 1);
plot(yf1);
subplot(2, 2, 2);
plot(yf2);
subplot(2, 2, 3);
plot(yf3);
subplot(2, 2, 4);
plot(yf4);
```

例 2：编写 m 程序，计算并显示 1！+2！+…+20！的结果。

```
clear;
clc;
total=0;
for i=1 : 20
    p=1;
    for j=1 : i
        p=p*j;
    end
    total=total+p;
end
```

total

该程序的计算结果在 MATLAB 的 Command 窗口显示为 total=2.5613e+018。

例 3：编写 m 程序，产生 1000 个点的（0，1) 之间服从均匀分布的随机一维序列，计算显示该序列的能量和功率。

```
clear：
clc；
N=1000；
noise=rand(1，N)；
energy=0；
for i=1：length(noise)
energy=energy+noise(i)^2；
end；
energy
power=energy/length(noise)
```

该程序的计算结果在 MATLAB 的 Command 窗口显示为 energy=319.103 1，power=0.319 1。

第二节　DSP 系统导论

一、DSP 概述

DSP 是一门新兴的学科，涉及多学科多领域，也是一门系统的学科。我们可以看到的是，当前科学技术朝着计算机化、网络化、智能化发展。电子产品越来越多地在社会生活之中普及，并朝着网络化、微型化、智能化、低功耗方向发展，实时控制和信号处理存在于某些产品当中。数字信号处理化的主要优点是精确、可靠性好、体积小、功耗低、灵活、易于大规模集成。在过去的 20 多年里，其已经在各个领域得到了极为广泛的应用。

DSP 包含数字信号处理技术 (Digital Signal Processing) 和数字信号处理器 (Digital Signal Processor)，前者是理论和计算技术，后者是通用或专用的微处理芯片。本章从应用角度出发，首先让读者熟悉 TI DSP 集成化开发环境 (CCS)，学习 DSP 编程开发流程，在掌握通信系统各模块的原理和算法的基础下，完成

DSP 编程实现，让读者进一步增强对通信系统各模块原理的理解，为利用 DSP 芯片实现通信系统的开发打下基础。

在 DSP 实现过程中，当确定算法后，需要在合适的时间内对相应的算法进行仿真，进而存储波形，然后再对其进行处理。此种仿真与脱机处理随着计算机和数字信号处理集成电路的发展，已经开始演变成实时信号处理。实时信号处理的速度要快于信号更新的速度，并可以在规定时间内对外部输入信号完成指定处理。速度的快慢往往与处理芯片的优劣相关。

（一）DSP 芯片及其特点

数字信号处理器（也简称 DSP，后面大部分缩写均属此含义）是一种微处理器，主要功能是用于数字信号处理。它所强调的是运算处理的实时性。今天我们看到的 DSP 芯片与一般微处理器的不同之处是在处理指令系统、数据流程、处理器结构上做出了巨大改进，其特点如下。

1.DSP 芯片比传统处理器具有更高的指令执行速度。

2.因其自带定时控制器和中断处理器，所以方便构成一个小规模系统。

3.DSP 芯片每条指令都由片内多个功能单元分别完成取指、译码、取数、执行等多个步骤，大多采用流水技术。

4.片内有多条总线可以同时进行取指令和多个数据存取操作。

5.DSP 芯片大多带有 DMA 通道控制器以及串行通信口等，配合片内总线结构，数据块传送速度就大大提高了。

6.具有软、硬件等待功能，具有各种存取速度的存储器接口。

7.DSP 芯片大都配有独立的乘法器和加法器，使同一时钟周期内可以完成乘、加两个运算。

8.采用低功耗技术的 DSP 芯片相对于普通低功耗为 0.5 ~ 4 W 的芯片，其具有更低的功耗，只有 0.1 W，通常可用于电池供电。

与通用微处理器 (MPU) 相比较，拥有上述优点的 DSP 芯片的运算速度更快。比如，对 FIR 滤波器的实现来说，只需要一次加、一次乘、一次取指。DSP 芯片在单周期内可以完成 3 ~ 4 次数据存取操作和乘加并行操作，有时还需要专门的数据移位操作。因此，在相同条件下，DSP 运算速度是 MPU 的 4 倍以上。

（二）DSP 芯片的种类

DSP 芯片的作用是实现实时信号的高速处理。多种类型、不同档次的 DSP 芯片，伴随着不同的实际应用而出现，以便满足不同的任务需求。DSP 芯片在用途上可分为：专用和通用两种 DSP 芯片。专用 DSP 芯片通过控制参数或加载数据等操作来使其具有有限的可编程能力，因此其只能针对一种应用，编程能力有限，功能较为单一；通用 DSP 芯片是指可以用指令编程的 DSP 芯片。另外一种划分的方式是按数据格式划分，分为浮点 DSP 芯片（数据以浮点格式工作）和定点 DSP 芯片（数据以定点格式工作）。通用 DSP 芯片评价中，最常用的指标是每秒百万次指令个数 (MIPS)，通过评价 DSP 芯片完成规定处理任务的字长及速度来衡量其专用 DSP 芯片性能。单周期内浮点 DSP 芯片能够完成以上的运算，然而对于大多数的定点来说，一般在一个周期成功完成的运算仅为 1 到 2 次。衡量浮点 DSP 芯片的重要指标主要是每秒百万次浮点运算 (MFLOPS)。TI 公司的 TMS320C30 系列执行加法和乘法各一次，在一个周期内 MFLOPS 指标是其 MIPS 指标的两倍。AD 公司的 ADSP21020 与 Motorola 公司的产品 DSP96002 系列，乘、加、减各一次在一个周期内完成，MFLOPS 指标是其 MIPS 指标的 3 倍。DSP 芯片内拥有运算单元以及其他功能部件，衡量 DSP 芯片片内功能的强弱，还可以通过每秒百万次操作 MOPS 来评价。这一指标可以达到 MIPS 指标的 5 ~ 10 倍，但是，DSP 芯片的实际处理速度并不能通过这个指标来进行判断，所以 FFT、FIR 滤波等算法的执行时间才是 DSP 芯片的实际处理速度的客观评价标准。片内存储器的大小和性能好坏对 DSP 芯片性能影响巨大，事实上如果将程序和数据放在片外存储器，我们可以看到 DSP 芯片的处理速度要慢 2 ~ 3 倍。

通用 DSP 芯片和专用 DSP 芯片的运算形式是不同的，通用 DSP 芯片的运算和处理是通过软件来实现的，而专用 DSP 芯片的运算则是直接由硬件实现，因此在进行指定运算时，专用 DSP 芯片的工作速度要远远大于通用 DSP 芯片，原因在于其内部结构规则较为简单，可以容纳很多相同的运算单元。缺点是其大多数是定点型的，所以精度和动态范围都受到限制，导致灵活性较差。同时，不具备自适应处理能力也是专用 DSP 芯片的一大缺点。

目前，世界上几个大的半导体公司都在 DSP 上开展竞争，那是因为它们在 DSP 的未来前景上发现了巨大的市场和广阔的商机，如 Motorola，NEC，AT&T，TI，AD 等公司都在积极设计研究开发和生产 DSP 芯片。近年来，DSP 芯片生产厂家中最有影响力的是 TI 公司，其产品用 TMS320 系列表示，其中 TMS320C3X/C4X/C67X 为浮点 DSP，TMS320C1X/C2X/C5X/C54X/C62X/C64X 为定点 DSP，TMS320C8X 在多媒体应用图像、视听数字处理领域正逐渐被新推出的 TMS320C6XX 替代。TMS320C1X/C2X/C5X 是系列定点产品，保持了指令的兼容性，目前普遍使用 TMS320C5X 系列。在众多通用 DSP 生产厂家中，美国 AD 公司也是其中之一，尽管该公司的 DSP 芯片推出时间较晚，但是美国 AD 公司的 DSP 芯片在综合性能方面比其他厂家要高。AD 公司的浮点产品为 ADSP21020/ADSP2106X 系列，定点 DSP 芯片为 ADSP21XX 系列。AT&T 公司（现在的 Lucent 公司）是拥有高性能 DSP 芯片的另一家美国公司，定点 DSP 芯片中有代表性的是 DSP16 系列，浮点 DSP 芯片中比较有代表性的是 DSP32 系列。Motorola 公司和 NEC 公司都分别推出了自己的定点和浮点 DSP。虽然 DSP 芯片种类繁多，但其基本架构和开发流程相似，本书选择常用的 TI 公司定点 DSP 芯片 C54XX 来对 DSP 芯片展开讨论。

（三）DSP 芯片的应用

DSP 芯片的应用几乎涉及电子与信息的每一个领域。

1. 通信：纠错编译码、扩频通信等。

2. 语音识别与处理：语音识别、语音信箱等。

3. 医学工程：助听器、X- 射线扫描、心电图 / 脑电图、病员监护、超声设备等。

4. 家用电器：数字电视、高清晰度电视 (HDTV)、高保真音响、数字电话等。

5. 军事：雷达与声呐信号处理、导航、导弹制导、情报收集与处理等。

6. 计算机：阵列处理器、多媒体计算机等。

7. 仪器：暂态分析、地震预测与处理等。

8. 图形 / 图像处理：二维 / 三维图形变换处理、机器人视觉等。

9. 自动控制：磁盘 / 光盘伺服控制、引擎控制等。

10. 通用数字信号处理：数字滤波、卷积等。

二、DSP 系统设计

（一）典型的 DSP 系统构成

图 1-1 所示为典型的 DSP 系统构成。其中，语音信号、传真信号、视频信号以及传感器（如温度传感器）的输出信号都可以作为输入信号。通过 A/D 将经过带限滤波的输入的模拟信号转换成数字信号。根据奈奎斯特采样定理，采样频率至少是输入带限信号最高频率的 2 倍，但在实际应用中，通常是大于 4 倍的。数字信号处理通常是用 DSP 芯片和在其上运行的实时处理软件对 A/D 转换后的数字信号进行处理，随后将处理后的信号输出给 D/A 转换器，经 D/A 转换、内插和平滑滤波得到连续的模拟信号。但是，频谱分析仪中输出的是离散波形，而 CD 唱机原本的输入信号就是数字信号。所以，并非所有的 DSP 系统都具有图 1-1 所示的所有部件。

输入信号 → | 抗混叠滤波 | → | A/D转换 | → | 数字信号处理 | → | D/A转换 | → | 平滑滤波 | → 输出信号

图 1-1　典型的 DSP 系统构成

　　DSP 系统可能由一个 DSP 芯片或多个 DSP 芯片与外围电路组成，DSP 芯片数量的多少由具体的要求来决定。无线通信信号处理包括信源编 / 解码、信道编 / 解码、交织 / 解交织、加密 / 解密、调制 / 解调、均衡、分集接收等。一个终端通常要由应用层、网络层、数据链路层和物理层组成的通信协议来处理。图 1-2 所示为一种移动通信终端的原理框图。无线信号的收发由 RF 收发信机负责，模拟基带负责处理 A/D 和 D/A 转换及控制接口等。由图 1-2 可知，数字基带处理包括 DSP 芯片、微处理器 (MOI) 等部分。它们各有各的负责范围，MCU 主要负责处理应用层、网络层、数据链路层等系统控制；DSP 的主要任务是处理物理层问题，包括通用的信号处理（如 FIR 滤波、FFT 等）和移动通信信号处理（如 CRC 校验、纠错编码、数据调制等）。图 1-3 所示为一种基于多个 DSP 芯片的软件无线电台的硬件结构图。它使用了 4 片 DSP 芯片，采用的总线为支持多处理器的 VME 总线，它能够满足无线电开放性的要求。

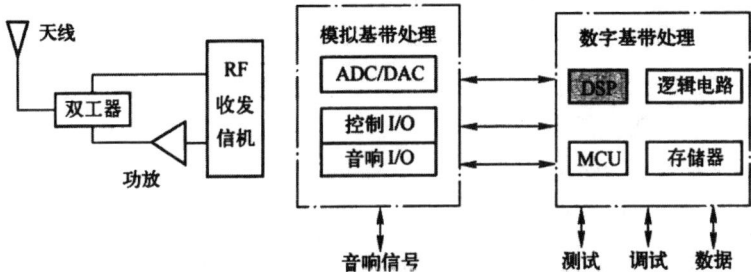

图 1-2　一种典型移动通信终端的原理框图

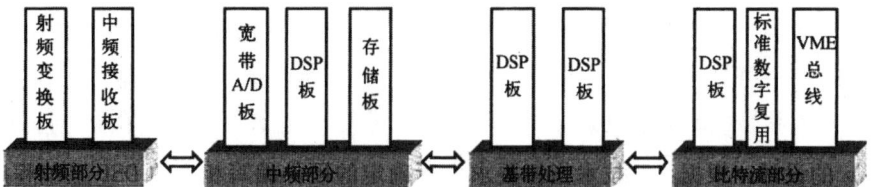

图 1-3　基于 VME 总线的软件无线电台的硬件结构框图

图 1-2 和图 1-3 所示的结构通常为含有类似的功能模块的无线通信系统的 DSP 实现结构，但并非所有 DSP 结构均与图 1-2 和图 1-3 类似。

（二）DSP 系统设计过程

任何系统的设计都是一样，在设计之初必须要明确所设计的系统的用途、目的以及技术指标，DSP 系统的设计也是一样。所以对于设计者来说，在设计上应该考虑以下内容。

1. 由信号的频率范围确定系统的最高采样频率。

2. 由采样频率及所要进行的最复杂算法所需的最大时间来判断系统能否实时工作。

3. 由以上因素确定何种类型的 DSP 芯片的指令周期可满足需求。

4. 由数据量的大小确定所使用的片内 RAM 及需要扩展的 RAM 的大小。

5. 由系统所需要的精度确定是采用定点运算还是浮点运算。

6. 根据系统是用于计算还是用于控制来确定输入 / 输出端口的需求。

通过以上内容基本上可以确定 DSP 芯片的型号及其相应的技术指标，而且 A/D、D/A、RAM 的性能指标和可供选择的产品也基本上都可以确定了。诚然，我们在进行产品的选择时还需要考虑其他多方面因素，包括成本、体积、功耗、供货能力、工作环境等。

DSP 系统设计流程图如图 1-4 所示。设计步骤分为以下几个阶段。

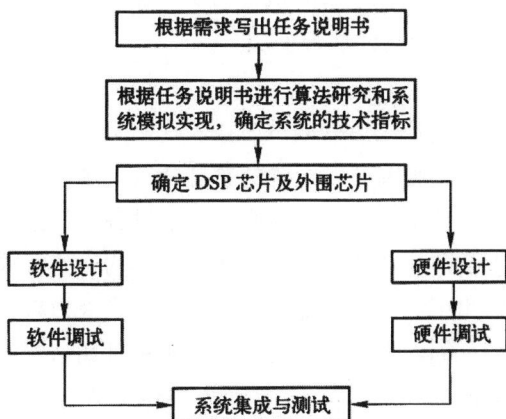

图 1-4　DSP 系统设计流程

1. 算法模拟阶段

技术指标的确定为该阶段的首要内容。在该阶段中，首先要做的就是高级语言（如 MATLAB) 模拟和算法仿真，根据系统要求来得出最佳算法，并对初始参数进行确认。

2.DSP 芯片及外围芯片的确定阶段

该阶段所要做的内容就是对 DSP 芯片及外围芯片进行选择，选择所依据的参数为运算速度、运算精度和存储要求等。

3. 软、硬件设计阶段

在该阶段中，需要对软硬件的分工来进行安排，比如说系统中某些功能是由软件来实现，而另一些功能则是要由硬件才能实现的。比如说是否需要用专门芯片去实现 FFT、数字上 / 下变频器，是要用软件还是硬件来判决译码判决算法等问题。该阶段分工的安排则是由选定的算法和 DSP 芯片来决定的。然后，再开始对硬件进行设计，其设计的依据则是系统技术指标，根据设计的技术指标来完成对 DSP 芯片外围电路和其他电路的设计；硬件设计完成之后，则开始对软件进行设计，软件的设计依据是系统技术指标要求和所确定的硬件编写的 DSP 汇编程序，按照依据来完成软件的设计。例如，TI 公司提供的最佳的 ANSIC 语言编译软件，软件在进行设计的过程中同样也可以采用高级语言。

4. 硬件和软件调试阶段

在硬件调试阶段，我们通常使用硬件仿真器来进行硬件的调试。而对于软件的调试来讲，我们通常要使用如软件模拟器、DSP 开发系统或仿真器等 DSP 开发工具来完成。我们通常要对 DSP 执行的实时程序和模拟程序执行情况进行比较，并以此来判断软件的设计是否正确。

5. 系统集成和测试阶段

该阶段是系统基本完成之后的测试阶段。在确定软、硬件的调试分别完成后，在所设计的系统中将脱离开发系统的软件装入，这样样机就得以完成，下一步就可以将样机在系统中运行，然后则可以通过各种数据来判断估样机能否达到技术指标的要求。通过数据对比发现各项指标均达到要求，则样机的设计得以完成。但在实际当中，这种情况并不常见，这是因为软、硬件调试均是在模拟的条件下进行的，而在实际中，通常会出现种种如精度低、稳定性差等问题。通常可以通过修改软件来解决所出现的问题，但是如果通过软件的修改仍然解决不了所出现的问题，则需要对硬件进行调整。如果涉及硬件的调整，则说明问题比较严重。

三、CCS 的使用

CCS(Code Composer Studio) 是 TI 推出的用于开发其 DSP 芯片的集成开发环境 (Integrated Development Environment，IDE)。CCS 有 V1.0，V1.2，V2.0 和 V2.1 等多个版本，有 CCS5000(针对 C54x)、C3000CC(针对 C3x)、CCS6000(针对 C6x)、C2000CC(针对 C2x) 四种不同的型号，各个不同的版本和型号的功能没有太大的差别。

（一）CCS 的安装及设置

将 CCS 安装光盘插入 CD-ROM 驱动器中，运行光盘根目录下的 setup.exe，按照安装向导的提示将 CCS 安装到系统中。安装完成后，桌面上会有 "CCS2(' C5000)" "Setup CCS2(' C5000)" 两个快捷方式图标，分别对应 CCS 应用程序和 CCS 配置程序。

通过设置不同的驱动，CCS 允许不同环境的支持。通过 CCS setup 配置程序定义 DSP 芯片和目标板类型，它是一个开放的环境。首先，运行 CCS setup 配置程序，再次运行该配置程序来改变配置和 CCS 应用平台类型。CCS 软件集成了 TI 公司的驱动程序 Emulator 和 Simulator，其配置过程很简单，作为用户可以直接使用 TI 的仿真器进行开发调试，双击桌面上的 "Setup CCS2(' C5000)" 标，弹出 CCS 配置对话框。

用户可以从 Available Configurations 下拉列表中选取用户平台类型。例如，需要使用 C54xx 软件仿真器，则选择 C5402Simulator，然后单击 "Import" 按钮。对话框中的 "Filters" 选项区用于设置 DSP 类型、平台类型和是否进行内存映射等。在 CCS 配置对话框设置完成以后，单击 "Close" 按钮，然后保存设置，这样就完成了配置。

对于有些用户来说，他们并不是使用的计算机模拟仿真器，所以对于该类用户通常需要安装硬件仿真器的驱动程序，然后再对 CCS 进行配置。下面以 SEED-XDSUSB2.0 型仿真器为例，说明驱动程序的安装过程，同时以 CCS2.0 为例说明其驱动配置方法。

首先运行仿真器配套光盘中的 setup 文件，按提示将驱动程序安装在计算机中。注意，安装路径应与 CCS 的安装路径一致（默认路径为 C：\ti 目录）。

安装完成后，运行 CCS setup 对 CCS 进行配置，这里需要选择硬件仿真器 C5402XDS510Emulator，然后单击 "Import" 按钮，完成配置过程。另外，硬件仿真器需要完成驱动的设置，选择 C5402 XDS 驱动，单击鼠标右键，在弹出的快捷菜单中单击"Properties"命令。

1. 在弹出的对话框中的下拉列表中选择第 2 个选项。

2. 单击"Browse"按钮,从弹出的对话框中,选中 CCS 中"drivers"目录下的"seedusb2.cfy"文件并打开。

3. 在弹出的对话框中单击"Next"按钮。

4. 将"Board Properties"和"Processor Configuration"选项设置为默认值,直接单击"Next"按钮;在"Startup GEL File(s)"选项卡中的"Startup GEL"栏选择和开发板上 DSP 芯片型号匹配的 GEL 文件,再单击"Finish"按钮,完成配置。

5. 保存设置,退出 setup CCS2 程序。

软件仿真就是 CCS 软件利用计算机模拟 DSP 芯片进行调试和仿真。硬件仿真就是将开发程序下载到 DSP 芯片中,在真正的芯片环境下执行和仿真调试。如果调试 DSP 芯片外围设备和接口,则必须要用硬件仿真器才能调试,两种仿真器的调试过程和流程基本一样,且 Simulator 仿真不需要硬件支持,所以在 DSP 算法开发中常采用软件仿真调试。为此,本书主要讨论通信系统各模块的 DSP 实现,实验所用的版本为 CCS2.0,仿真器就采用 C5402 Simulator 来进行开发与调试。

（二）CCS 的窗口、菜单栏和工具栏的介绍

CCS 窗口通常包括有菜单栏、工具栏、编辑窗口、内存单元显示窗口、工程视图窗口、寄存器显示窗口和图形显示窗口等。

查看、编辑内存单元和寄存器等操作需要通过内存单元和寄存器显示窗口来进行。而反汇编窗口可以帮助查看机器指令,查找错误。图形显示窗口的功能则是根据用户的要求直接（或经过处理后）对数据进行显示。工程视图窗口用来将用户的若干程序构成一个项目。用户在编辑 / 调试窗口中既可以编辑程序,也可以设置断点、探针调试程序。用户可以通过菜单栏中的 Windows 来管理各个窗口。

1. 菜单栏

CCS 的菜单栏共有 12 项,菜单栏简要功能介绍见表 1-9。对于各项详尽功能介绍可以查阅 CCS 在线帮助。

表 1-9　菜单栏简要功能介绍

菜单项	完成功能
File(文件)	文件管理,载入执行程序、符号及数据,进行文件输入 / 输出等

续 表

菜单项	完成功能
Edit(编辑)	文件及变量编辑，如剪切操作、字符串查找替换、内存变量、寄存器编辑等
View(查看)	工具栏显示设置，内存、寄存器和图形显示等
Project(工程)	工程管理（新建、打开、关闭及添加文件等）及编译、构建工程等
Debug(调试)	断点、探针设置、单步设置、复位
Profiler(剖切)	性能菜单，包括时钟和性能断点设置等
Option(选项)	选项设置，设置字体、颜色、键盘属性、动画速度、内存映射等
GEL(扩展功能)	利用通用扩展语言所设的扩展功能菜单
Tools(工具)	包括引脚连接、端口连接、命令窗口、链接配置等
DSP/BIOS	使开发者能利用一个短小的固件核和 CCS 提供的 DSP/BIOS 工具对程序进行实时跟踪和分析
Window(窗口)	窗口管理，包括窗口排列、窗口列表等
Help(帮助)	CCS 在线帮助菜单

2. 工具栏

CCS 将菜单栏中常用的命令筛选出来，形成了六种可以在"View"菜单下找到的工具栏：Standard Toolbar(标准工具栏)、GEL Toolbar(GEL 工具栏)、Edit Toolbar(编辑工具栏)、Project Toolbar(工程工具栏)、Debug Toolbar(调试工具栏) 和 Plug-in Toolbar(插件程序工具栏)，并可以选择是否显示。

（三）CCS 的调试与使用

1.CCS 的基本使用

（1）创建一个新工程

双击桌面"CCS2('C5000)"快捷方式，运行 CCS，进入 C5000 Code Composer Studio 集成调试环境，单击"Project"→"New"命令，就可以创建新工程。

在弹出的对话框中输入所要建立新工程的名称，选择所要建立的路径（一般程序默认路径为 C：\ti\myprojects\ 工程名）及工程类型和配置类型，最后单击"完成"按钮。

在工程视图中可以发现一个新工程 volume.pjt 已经创建了，此时这是一个空的工程。若双击工程名前方的"+"号，则可以看到该工程下不包括任何文件。

（2）在工程中建立并添加文件

单击"File"→"New"→"Source File"命令，新建源文件，在弹出的代码编辑窗口编写源代码。编写完毕后，单击"File"→"Save"命令。在"文件名"文本框中输入文件名，在下拉菜单中选择所编写源文件的文件类型，最后将文件保存在指定的工程文件夹中，这里保存在"volume"工程文件夹中。

在工程中添加源文件，将源文件 vextors.asm，volume.c 复制到所创建的工程文件夹（C：\ti\myprojects\volume) 中。下面将介绍如何将这些文件添加到工程中。

①添加 c 源文件。单击"Project"→"Add Files to Project"命令，选择"volume.c"文件，单击"打开"按钮将该文件添加到工程中。

②添加 asm 源文件。单击"Project"→"Add Files to Project"命令，在弹出对话框中的"Files of type"下拉列表中选取"Asm Source Files(*.a*，*.s*)"，选择"load.asm"文件，单击"打开"按钮将该文件添加到工程中。同理将"vextors.asm"文件添加到工程中。

③添加链接命令文件。单击"Project"→"Add Files to Project"命令，在弹出对话框中的"Files of type"下拉列表中选取"Linker Command File(*.cmd)"，选择"volume"文件，单击"打开"按钮将该文件添加到工程中。

④添加库文件。单击"Project"→"Add Files to Project"命令，查找路径C：\ti\c5400\cgtools\lib，在"Files of type"下拉列表中选取"Object and Library Files(*.o*，*.1*)"，选择文件 rts，单击"打开"按钮将该文件添加到工程中。

⑤添加头文件。在工程视图窗口中的"volume.pjt"上单击鼠标右键，在弹出的快捷菜单中单击"Scan All Dependencies"命令，头文件"volume.h"就会被自动添加到工程中。

在工程视图中双击所有"+"号，即可看到整个工程的结构。

⑥打开、查看及删除文件。用鼠标右键单击文件名，可以选择对工程中的文件执行打开、查看及删除等操作。

（3）工程的编译、链接与运行

单击"Project"→"Build Options"命令，在弹出的对话框中，设置相应的参数。一般情况下按默认值设置即可，具体变动需根据实际编写的程序而定。

单击"Project"→"Rebuild All"命令或在"Project"工具栏上对工程进行

编译、链接，"Output"窗口将显示进行编译、链接的相关信息。

单击"File"→"Load Program"命令，选择"column.out"并打开，将"Build"生成的程序加载到 DSP 中。此时，CCS 将自动弹出一个反汇编窗口，显示加载程序的反汇编指令。

单击"Dubug"→"go main"命令，则程序执行从主函数开始，在窗口中以空心右向箭头标记。单击"Debug"→"Run"命令运行程序，还可以在"Debug"工具栏上单击运行按钮。由于 DSP 芯片主程序是个无限循环，所以调试过程中单击"Debug"→"Halt"命令，主要进行单步调试过程。

2.CCS Debug 工具的使用

CCS 提供了丰富的调试工具。CCS 在程序执行控制上提供了四种单步执行方式。一般的调试步骤如下：调入构建好的可执行程序，先在感兴趣的程序段设置断点，然后执行程序停留在断点处，查看寄存器的值或内存单元的值，对中间数据进行在线（或输出）分析。这个过程进行反复的执行，直到程序完成预期的功能。

（1）DSP 复位命令

① Restart：单击"Debug"→"Restart"命令，将 PC 恢复到当前载入程序的入口地址。

② Go Main：单击"Debug"→"Go Main"命令，在主程序入口处设置一个临时断点，然后开始执行。

③ Reset CPU：初始化所有寄存器到其上电状态并中止程序运行。

（2）程序执行操作

①执行程序：单击"Debug"→"Run"命令或单击调试工具栏上的执行程序按钮，程序运行直至遇到断点为止。

②暂停执行：单击"Debug"→"Halt"命令或单击调试工具栏上的暂停执行按钮。

③自由运动：单击"Debug"→"Run Free"命令。该命令禁止所有断点，然后运行程序。在自由运行中对目标处理器的任何访问都将恢复断点，在自由运行状态下用户也可以对目标处理器进行硬件恢复。需要注意的是，该功能对"Simulator"中的"Run Free"是不产生作用的。

（3）单步执行操作

①单步进入：单击"Debug"→"Step Into"命令。当调试语句不是最基本的汇编指令时，该操作将进入语句内部（如子程序或软件中断）调试。

②单步执行：单击 "Debug" → "Step Over" 命令。该命令将函数或子程序当作一条语句执行，不进入其内部调试。

③单步跳出：单击 "Debug" → "Step Out" 命令。该命令将从子程序中跳出。

④执行到当前光标处：单击 "Debug" → "Step Over" 命令。该命令使程序运行到光标所在的语句处。

（4）Watch 窗口查看观察变量

单击 "View" → "Watch Window" 命令，弹出 "Watch Window" 对话框，在程序运行期间，该对话框可以显示被观察变量的值。在默认情况下，弹出的是 "Watch Locals" 选项卡，程序运行时该选项卡中默认显示的是函数的局部变量。

选择 "Watch 1" 选项卡，在显示的文本框中输入其他想观察的变量，用鼠标单击对话框中任意空白部分就可以将输入的标量名称保存下来，此时该变量的值立即会显示出来。

（5）直接内存查看观察变量

单击 "Debug" 工具栏中的 "View Memory" 按钮，在弹出的对话框中可以观察指定内存单元的数据。在地址栏中，若要输入数组元素地址，则可以直接输入该数组名；若想输入单个变量地址，则需要在该变量名前加符号 "&"。

（6）CCS 的图形功能

CCS 提供了强大的图形功能，可以对处理前和处理后的数据从总体上进行分析，方便了程序运行的效果分析。CCS 提供了多种显示数据画图方法，包括时域 / 频域波形显示、星座图、眼图及图像显示。单击 "View" → "Graph" 命令，在弹出的菜单中可以选择以上几种图形显示方法。

选择这 4 个中的任意一项都将弹出同样的设置图，根据需要在设置图形选项中进行设置，单击 "OK" 按钮输出观察波形。

四、DSP 的 C 语言开发

众所周知，汇编语言的执行效率高，但汇编语言编程开发的门槛高、难度较大。因此，利用汇编语言进行 DSP 芯片开发复杂度较高，不同公司的 DSP 芯片的汇编语言也不尽相同。即使是一家公司的芯片，也可能由于芯片的种类不同，造成它的汇编语言不同。程序人员在编写 DSP 程序之前，首先得熟悉该芯片的汇编指令，因此其开发的难度大、时间周期较长，同时汇编语言的可读性差，使其难以对程序软件进行修改和升级，不同芯片汇编语言的差异性使软件的可移植性较差。

为此，各个DSP芯片公司都进行了相当大的努力，并推出了C语言编译器。通过C语言编译器，DSP芯片就能够直接应用高级语言来完成开发功能，因此DSP芯片得以大幅提升开发速度，并且开发出来的DSP程序在可读性和可移植性方面大大提高。DSP芯片公司推出的C编译器具有很强的优化功能，优化效率能从15%提高到35%。

（一）CCS支持的C语言

CCS的代码生成工具中包括了C/C++编译器、汇编器、链接器和相应的辅助工具，包括运行支持库rts.Hb和相应的源代码rts.src。

1.ANSIC优化编译器

C54X的C编译器全面支持ANSIC语言标准。C54X的C编译器能够生成许多调试器所用的信息，并且其能够在C源程序及进行调试，从而开发周期得以大幅缩短。设计优化ANSIC编译器考虑了以下三个方面的效率：

①产生可与手工编写相比的汇编语言程序；

②提供简单的程序接口；

③为用C语言开发高性能的DSP应用，建立一定规模且使用方便的工具库。

C编译器中提供的一个优化编译器，可以有效减少目标代码的长度，并可以简单地对运行速度进行提高，这是因为采用优化编译可以生成效率更高的汇编代码。在优化器当中，C编译器中作为一个独立的程序模块，它的激活状态是可以进行选择的，在C编译的过程当中，是否需要触发它的激活状态，是我们通过环境来进行选择的，既可以选择激活，也可以选择不激活。

C程序的编译、汇编和链接的三个过程通常是一次完成。通过选择不同的选项，控制编译、汇编和链接过程，并通过优化选项去激活优化器。优化选项有两个，–o和–x选项是优化器的主选项，共分为三级（0，1，2），优化级越高，优化范围就越广。

（1）–o0级采取的主要优化措施：简化控制流程，把变量安排到寄存器，简化循环，忽略未用代码，简化语句和表达式，把调用函数扩展为内嵌函数等。

（2）–o1级优化在–o0级优化的基础上，进一步采取局部优化措施，如进行COPY扩展、删除未用分配、忽略局部公共表达式等。

（3）–o2优化是在–o1级优化的基础上，进一步采取全局部优化措施，如进行循环优化、删除全局公共子表达式、删除全局未用分配等。

（4）–o3 优化：新的编译器还包括 –o3 优化，是在 –o2 级优化的基础上，进一步进行的。主要优化措施包括对于从未调用的函数移除其代码，对于从未使用返回值的函数删除其返回代码，把小函数代码自动嵌入到程序中，重新安排函数声明的次序等。

（5）–x 选项是一个此选项，该选项用于行函数的扩展，当程序需要调用函数时，优化器可将函数直接嵌入程序的调用处，这样可以避免函数调用所需的调用返回等附加操作，从而加速程序运行。这种优化是以增加程序代码长度为代价的。

尽管采用 C 优化编译有一定的缺点，但明显是利大于弊。其优点是其运行效率能够得到明显提高，程序运行速度也加快得相当明显。但也正是这些优化措施，造成 C 和汇编的交叉列表文件相较于不用优化时稍微不明晰。另外，在调试程序时，最好等到调试成功后再验证优化的编译，而不是在调试时进行优化编译的操作。

2.C5000 C 语言编程基础

（1）数据类型

C5000 中 C 语言程序的数据类型包含 C 语言的基本数据类型：带符号字符型 (char)、短整形 (short int)、整形 (int)、长整形 (long int) 及无符号数据类型，见表 1–10。

表 1–10　C5000 C 语言支持的数据类型

类　型	长度 /bit	内　容	最小值	最大值
字符型、带符号字符型	16	ASCII 码	–32 768	32 767
无符号字符型	16	ASCII 码	0	65 535
短整形、带符号短整形	16	二进制补码	–32 768	32 767
无符号短整形	16	二进制数	0	65 535
整形、带符号整形	16	二进制补码	–32 768	32 767
无符号整形	16	二进制数	0	65 535
长整形、带符号长整形	32	二进制补码	–2 147 483 648	2 147 483 647
无符号长整形	32	二进制数	0	4 294 967 295

在对数据类型进行定义时，我们要遵守以下规则：对于 int 和 long 的设置

应该避免它们大小相同，避免设 char 为 8 位或 long 为 64 位；对定点算法（尤其是乘法）应该采用 int 数据类型，用 long 类型作为乘法操作数会导致调用运行时间库 (run-time library) 的程序；使用 int 或 unsigned int 类型而非 long 类型来循环计数；最好使用 int 类型作为循环指数变量和其他位数不太重要时的整形变量，因为 int 是对目标系统操作最高效的整数类型，而不管芯片结构如何。

（2）C 语言关键字

TMS320C5000 的 C 编译器除了支持标准 const(常数) 和 volatile(可变的) 关键字外，还扩展了标准 C 语言，支持 intterupt(中断)、ioport(I/O 端口)、near(近) 和 far(远) 关键字。

① const 用于控制某些数据对象的存储分配，任何变量或数组都可以用 const 限定，保证它们的值不变，并分配到存储器中。若在函数范围内，对象是自动变量，则 const 不起作用；若对象定义中还指定了 volatile 关键字，则 const 不起作用。若用 const 定义大的常数表，则会分配进系统 ROM。例如，const int digits[ ]={0，1，2，3，4，5，6，7，8，9}，定义了一个 ROM 表。

② ioport 是 C5000 编译器为了支持 I/O 寻址模式所增加的关键字。该关键字通常可以和 const、volatile 一起使用。但是需要明确的一点是，当该关键字同数组同时使用的时候，ioport 所限制的并不是非数组类型本身，反而却是数组单元。另外，ioport 这个关键字是能够单独应用的，int 限定词在这种条件下通常是默认的。ioport 类型限定词通常只适用全局或静态变量。除非变量是一个指针，否则局部变量中是不能用 ioport 来限制的，下面给出 ioport 关键字使用的例子。

```
ioport int k ; /* 正确 */
void coo(void)
{
    ioport int i ; /* 错误 */
    ioport int*j ; /* 正确 */
}
```

③ interrupt 是编译器增加的关键字来支持中断处理，仅可用于没有参量的 void 函数。例如，interrupt void isr(void)。中断函数的主体内可以定义局部变量，并能自由使用堆栈。中断程序必须在 C 程序被中断时保存所有相关程序使用的寄存器的内容。对于定义的中断函数，编译器将基于中断函数的规则保存寄存器，并为中断产生特殊的返回序列。C_jnt0 是 C/C++ 的进入点，该名称为系统

复位中断保留。这个特殊的中断程序用于初始化系统并调用函数 main。

④ near，far 用于指定函数调用的方式，属于存储类修饰语，可以出现在存储类说明和数据类型的前面、后面或中间。例如：

　　　　far int coo( )；

　　　　static far int coo( )；

　　　　near coo( )；

若使用"near"，则编译器将使用 call 指令产生调用。

若使用"far"，则编译器使用 fcall 指令产生调用。

⑤ volatile 关键字是指优化器会在任何条件下通过对数据流进行分析，以此来避免存储器访问。

（3）寄存器变量

在一个函数中，C 编译器的寄存器变量使用次数不能超过两次。而且必须在变量列表或函数的最前面声明寄存器变量，在嵌套块中声明的寄存器被处理为正常的变量。

C 编译器使用 AR1、AR6 作为寄存器变量。AR1 被赋给第一个寄存器变量，AR6 被赋给第二个寄存器变量。设置寄存器变量，可以使变量的访问速度更快，但是在运行时，通常要四条命令才能完成一个寄存器变量设置。所以一般对寄存器变量进行设置的条件是在变量的访问大于 2 次时，这样做的目的是使该功能被有效地使用。

DSP 的 C 编译器还允许声明全局寄存器变量。

格式为：register type reg

reg 可以是 AR1 或者 AR6。AR1，AR6 一般是入口保护寄存器，类型不能是 float 或 long，不能在文件中用作其他用途，也不能赋初值，但可以用 #define 给其赋一个有意义的变量名称。使用全局变量的场合：①如果把在整个程序中使用的全局变量永久地赋给一个寄存器，则能显著减少代码的量和提高程序的执行速度；②如果程序中使用了调用十分频繁的中断服务子程序，则可以使用全局变量，在每次调用时保存要保存和回放的变量，以便提高执行速度。

（4）函数的结构和调用规则

对函数的调用来说，C 编译器自有其本身的一套系统的要求，任何调用 C 函数的函数和被 C 调用的函数都要满足这些规则，不然 C 环境存在可能会受到破坏，造成程序无法运行的结果。

函数调用的流程如下：

①将所要传递到子函数的参数以颠倒的顺序压入堆栈，最右边参数第一个压入堆栈，最左边的最后一个压入堆栈，即最左边的参数在栈顶。如果参数利用寄存器变量传递，则需要将寄存器的内容压入堆栈进行保护。

②子函数保存所有的入口保存寄存器。

③父函数对子函数进行调用。

④父函数收集返回值。

被调用函数（子函数）的响应：

①被调用函数将存储空间按需要分配给局部变量、临时存储空间及函数可能调用的参数。

②如果子函数修改一些入口保存寄存器，则必须将这些值压入堆栈或存储到一个没用的寄存器中。

③如果子函数的参数是一个结构体，则它所接收到的是一个指向该结构体的指针。

④如果子函数返回一个值，则必须按照规则放置。

举例：

```
调用函数：被调函数 add( )：
extern int add( )；.global_add
int1，a，b，c；.text
main( ) .add：
{            PSHM AR1
    …        PSHM AR6
    i=add(a，b，c)；PSHM AR7
    ……

}
```

（二）DSP 芯片开发的编程方法

C 代码的效率可以通过 C 编译器的优化功能来进行提高，然而并不是任何条件下都可以对 DSP 芯片提供各种资源，进行有效、充分的利用，比如说用于FFT 算法的比特位反转寻址、C54X 所提供的循环寻址、滤波等；有时甚至无法用 C 语言实现，如标志位 / 寄存器设置等。此外，尽管在 C 语言中，所编写的中断程序具有良好的可读性，然而通常情况下，所使用的中断程序都会将所中断的程序保护在寄存器当中，尽管进入中断程序时，这个程序并没用被应用，所以由于这样造成中断程序的频繁被调用，大大降低了中断程序的效率。因此，通常情况下，只有混合了 C 语言和汇编语言的编程才能够达到 DSP 应用程序的需要，才能够充分地利用好 DSP 芯片软件及硬件资源。

只有做到能够明确区分 C 代码和汇编代码，才可以对 C 语言和汇编语言进行混合编程，在那些对性能起决定性作用或运算量较高的关键功能模块上，使用高度优化的汇编代码，以提高运算效率。同时用 C 语言编写那些不太关键的功能模块，这将有利于代码维护和移植。

C 语言和汇编代码的结合要求工程师具备丰富的开发经验及专用的工具和方法。开发前首先确定功能模块的目标，包括循环数、代码规模和数据量，通常先用 C 语言全部编写，创建应用程序，然后才使用 CCS 工具评估各功能模块的运算复杂度和性能，最后对关键功能模块进行汇编程序开发，并建议同时保存原始的 C 代码，这样不仅可以方便调试，而且当条件成熟时（如采用更强大的平台），还可以返回到这些 C 语言的实现，增强开发程序的可读性和可移植性。

由上可知，常采用的 C 语言和汇编语言混合编程方法实际就是在 C 语言程序中调用关键的汇编语言函数模块，其调用规则与前面讨论的函数调用是一致的。在使用 C 语言和汇编语言混合编程时，必须注意以下几个步骤：

在定义汇编函数时，需要在函数名前加下划线 "_" 来让编译器识别。下面给出了从 C 代码中访问汇编语言函数的例子。

1.C 程序

```
extern int asmfunc(int, int*); /* 声明汇编函数 */
int gvar; /* 定义全局变量 */
main()
{
    int i
    i=asmfunc(i, &gvar);/* 调用函数 */
}
```

2. 汇编程序

```
_asmfunc :
ADD*AR0, T0, T0 ; T0+gvar= > i, i=T0
RET ;
```

在 C 代码中访问汇编语言中 .bss 段或 .sect 段中没有初始化的变量：首先使用 .bss 或 .sect 指令来定义变量，使用 .global 指令来定义为外部变量，在汇编语言中的变量前加下划线 "_"，最后在 C 代码中声明变量为外部变量并正常地访问它。

1.C 程序

extern invar；/* 外部变量 */

var=1；/* 使用变量 */

2. 汇编语言程序

.bss，1；/* 定义变量 */

.gloabalbar；/* 声明变量为外部变量 */

ADD*AR0，T0，T0；T0+gvar= > i，i=T0

RET；

可以在 C 语言中对汇编语言常数进行访问，首先可以通过 .set 和 .global 这两个指令来完成全局常数的定义，同时我们也可以通过使用链接分配语句定义，在链接命令文件中指定需要的汇编语言常数。普通变量通过汇编语言或者 C 语言定义的，其符号列表包含变量值的地址。如果 x 是一个汇编语言常数，则它在 C 代码中的值就是 &x。

（三）C 语言程序开发的过程

C 语言程序的 DSP 开发的工程中必须包含以下三种类型的文件：C 语言程序（.c)、命令链接文件（.cmd)、库文件 (rts.lib)。

此外，工程中通常还包括头文件（.h) 和汇编源程序（.asm)。

1.C 语言程序（.C)

C 语言源程序是利用 C 语言完成各个功能模块算法的程序，这是 DSP 开发的核心，也是开发人员最终和主要关注的地方。DSP 的 C 语言编程基本符合 C 语言程序开发规则，程序员需多熟悉标准 C 语言程序开发。后面的章节将针对通信系统的各个模块，具体讨论 C 语言的开发与实现，因此这里就不讨论具体的 C 语言程序编程，只强调编写 C 程序时的注意事项：

（1）可以采用任何文本编辑器，如 Windows 的记事本编写 C 程序。

（2）在一个 C 程序中必须且只能有一个函数名称为 main（）。

（3）在定义函数时，我们首先要做的就是对变量的类型进行声明。通常情况下，用户要把自己定义的子函数放置在主程序的前面，如果想要放在主程序的后面，那么用户就需要在程序开头对各子函数进行声明。

2. 库文件 (rts.lib)

C 程序在运行前，我们首先要做的就是对它的运行环境进行建立，该工作

由被称为 _c_int00 的 C 启动程序来完成。运行时间支持源程序库 (est.src) 中叫作 boot.asm 的模块中包含了启动源程序。需要复位硬件，调用 _c_int00 函数将 _c_int00 函数和其他目标模块链接起来，系统才能开始运行。当使用链接器选项 –c 或 –cr，并将 rts.src 作为一个链接输入文件时，这个链接过程能够自动完成。

系统初始化 _c_int00 函数，初始化 C 环境的操作如下：第一步是对堆栈系统进行建立；第二步是初始化全局变量，这个操作是通过在 .cunit 段中的初始化表中复制数据到 .bss 段中的变量来进行的；如果在装载时就初始化变量（–cr 选项），则装载器就会在程序运行之前执行该步骤。

因此，利用 C 语言开发必须加入相应芯片的库函数 rts.lib，如果用汇编语言开发 DSP 程序，就不需要 rts.lib 库函数。库函数包含在安装的软件文件中，如 CCS2.0 开发软件安装在计算机中的 C 盘下，芯片选用 C54 系列芯片，则地址为 C：\ti\c5400\cgtools\lib。

3. 命令链接文件（.cmd）

CMD 的专业名称叫链接器配置文件，它的作用是用来分配 RAM(数据存储器空间) 和 ROM(程序存储器空间)。由于 CMD 芯片不同，所以其规格就不尽相同，不同规格的芯片的 ROM 和 RAM 的存储量也就不同，由于现实使用当中存放用户程序的位置不一，因此程序员命令的编写，就需要依据不同的存储器地址来进行。

命令文件的开头是各子目标文件的名字，这样链接器就能够根据子目标文件名，将相应的目标文件链接成一个文件。接下来就是链接器的操作指令，这些指令用来配置链接器，SECTIONS 和 MEMORY 是要求大写的，且它们属于相关的两个伪指令。SECTIONS 的作用是指定段的存放位置，MEMORY 的作用是用于配置目标存储器。

SECTIONS 指令对各个段的位置是依据目标存储器的模型来选择进行安排的。MEMORY 的作用是用来建立目标存储器的模型，MEMORY 的语法如下列所示：

```
MEMORY
{
PAGE 0 : name1[(attr)] : origin=constant，length=constant
        name1n[(attr)] : origin=constant，length=constant
PAGE 1 : name2[(attr)] : origin=constant，length=constant
```

name2n[(attr)]：origin=constant，length=constant

PAGE n：nomen[(attr)]：origin=constant，length=constant

namenn[(attr)]：origin=constant，length=constant

}

需要用 PAGE 关键词对独立的存储空间进行标记。在实际应用当中，大部分情况下要分为两页，一页为 PAGE0 程序存储器，另一页为 PAGE1 数据存储器，页号 *n* 不能大于 255。name 存储区间的名字要小于 8 个字符，不同的 PAGE 上可以存在相同名字，但同一页 PAGE 内不可以存在相同的名字。ttr 是属性标识，属性代码分别为 R，W，X，I。当其属性代码为 R 时表示可读，为 W 时表示可写，为 X 时表示区间可以装入可执行代码，为 I 时表示可以对存储器进行初始化，如果没有指明代码，则表示同时具有上述四种属性，在实际中大部分都是这种写法。

SECTIONS 指令的语法如下列所示：

SECTIONS

{

.text：{ 所有 .text 输入段名 } load= 加载地址 run= 运行地址

.data：{ 所有 .data 输入段名 } load= 加载地址 run= 运行地址

.bss：{ 所有 .bss 输入段名 } load= 加载地址 run= 运行地址

.other：{ 所有 .other 输入段名 } load= 加载地址 run= 运行地址

}

SECTIONS 指令要注意大写，后面括号里是对输出段的说明，任一说明都是以段名开头，接着对输入段进行组织和给段分配存储器的参数说明。

DSP 中 C 编译器产生两类段：4 个已初始化的段和 3 个未初始化段。4 个已初始化的段包括① .text：可执行代码、编译器产生的常数；② .cunit：已被初始化静态变量及全局变量；③ .const：和关键字 const 有关的全局常量、串常量和静态常量且是已初始化的字符；④ .switch：指的是有关大型的 switch 语句的跳转表。3 个未初始化段包括：① .bss：未初始化全局变量和静态变量；② .stack：系统软件堆栈；③ .sysmem：动态存储器。

针对 C 语言程序开发，由上面介绍的 C 编译器产生的段编写链接命令文件。在实际开发中，其需要大的存储空间的数据表，为优化存储空间，可以单独定义为段，并安排指定存储空间。如果不指定存储地址，则下面的 CMD 命令链接文件可以直接用于其他 C 语言程序中。

```
−stack 400h
−heap 100h
−1 rts.lib
MEMORY
{
PAGE0：VECT：o=0ff80h，1=80h
            PRAM：o=100h，1=1f00h
PAGE1：DRAM：o=2000h，1=1000h
}
SECTIONS
{
    .vextors：{} > VECT PAGE0
    .text：{} > PRAM PAGE0
    .cunit:{} > PRAM PAGE0
    .switch:{} > PRAM PAGE0
    .const:{} > DRAM PAGE1
    .bss:{} > DRAM PAGE1
    .stack:{} > DRAM PAGE1
    .sysmem:{} > DRAM PAGE1
}
```

4. 头文件和汇编源程序

C 语言规定，使用一个变量或调用一个函数前必须声明，为了使用方便，经常把常用函数和变量写入头文件 .h，这样每次需要引用时只要使用 #include 加入就可以了。这样可以有效防止变量函数的重复定义。现在 DSP 开发常采用 C 语言和汇编语言混合编程，其核心算法模块采用汇编编程，中断向量表也是汇编程序。因此，在实际工程开发中，还常包括头文件和汇编程序。

五、DSP 的 C 语言编程实例

双击桌面上的"CCS 2('C5000)"快捷方式，运行 CCS，进入 C54x Code Composer Studio 集成调试环境，单击"Project"→"New"命令，就可以创建新工程。在弹出的对话框中输入所要建立的新工程的名称，选择所要建立的路径，以及工程类型和配置类型。例如，在 C：\ti\myprojects\ 目录下建立"DspTest"

的工程，最后单击"完成"按钮。为了调试，给出一个简单 C 程序的例子，包括 .cmd 和 .C 两个文件。

C 语言程序如下：

```
#define LoopNum7
short Tests ;
short TestTab[7]={6, 2, 3, 1, 2, 1, 4} ;
short Out[7] ;
void main()
{
    short i :
    short TempVal=25 ;
    short*PtrTemp ;
    PtrTemp=TestTab ;
    for(i=0 ; i < LoopNum ; i++)
    {
        Out[i]=*PtrTemp++ ;
    }
    Tests=37 ;
    TempVal+=Tests ;
    if(TempVal > 50)
    {
        Test= TempVal
        TempVal=0 ;
    }
}
```

链接命令文件

```
/*********************************************/
/* C5416DSPMemoryMap */
/*********************************************/
MEMORY
{
PAGE 0 : VECS : origin=4B00h, length=0080h/* Internal Program RAM */
```

```
                    PRAM : origin=4C00h，length=3000h/* Internal Program
RAM */
        PAGE1 : DATA : origin=3000h，length=0100h/* Internal Data RAM */
               STACK : origin=3100h，length=0600h/* Stack Memory Space */
               EXRAM : origin=3700h，length=0900h/* External Data RAM */}
/**********************************************/
/* DSP Memory Allocation */
/**********************************************/
SECTIONS
{
.cunit > PRAM PAGE0
.text > PRAM PAGE0
.data > DATA PAGE1
.stack > STACK PAGE1
.const > EXRAM PAGE1
}
```

将本例中的文件"DspTest.c"和"DspTest.cmd"复制到刚建立工程的"DspTest"文件夹下面。用鼠标右键单击"DspTest.pjt"，在弹出的快捷菜单中选择"Add Files"，将 C : \ti\myprojects\DspTest 文件夹下面的两个源文件依次添加到工程。

利用 C 语言进行 DSP 实现开发时，必须添加库函数"rts.lib"。它主要包含了有关 C 语言的运行环境与相应的函数的代码，DSP 的 C 语言的入口地址固定为"c_int00"，在"rts.lib"中定义，添加过程与前面添加文件一样，但要选择"Object and Library Files"，地址为"* : \ti\c5400\cgtools\lib"。

单击"Project"→"Rebuild All"命令对工程进行编译、汇编和链接，相关信息显示在"Output"窗口。

单击"File"→"Load Program"命令，选择"Debug"目录下的"example2.out"并打开，将"Build"生成的程序加载到 DSP 中。此时，CCS 将弹出一个反汇编窗口，显示加载程序的反汇编指令。单击"Debug"→"Go main"命令，在弹出的窗口中进行 C 语言程序的调试。

第三节 FPGA 系统导论

一、FPGA 概述

硬件描述语言（Hardware Description Language，HDL)如今在数字电子系统的设计中广为应用，并且未来会利用在模拟电子系统设计或混合电子系统设计当中，目前正在积极探索之中。它是电子系统硬件结构描述、行为描述、数据流描述的语言。

在中国市场，VHDL 和 Verlog HDL 两大硬件描述语言是受到我国科研工作者青睐的、是比较有影响的，且这两种语言是 IEEE 标准语言。国外硬件描述语言，有的从 C 语言演变而来，也有的从 Pascal 发展继承而来。VHDL 来源于美国军方，大多数其他的硬件描述语言则多来源于私人民营公司，有些 HDL 成为 IEEE 标准，但大多数是企业标准。因此我们可以看到国外的硬件描述系统，来源不一，种类很多。

电子设计自动化 (Electronic Design Automation，EDA) 技术的设计器件、设计工具、理论基础的关系如下列所述：设计师通过用硬件描述语言 (HDL) 勾勒出硬件的行为以及结构，然后通过适当的设计工具把自己所要达到的硬件行为以及结构整体反映在与半导体工艺相关联的硬件配置文件上，硬件配置文件的载体是半导体器件 (FPGA)。通过 FPGA 器件加载、配置上了不同的文件后，相应的功能便出现在器件上。现代电子设计方法以及理论在整个系统设计、综合、验证、配置、仿真的过程中，综合应用，贯穿指导整个流程。

通过 HDL 语言去表达我们所需要的设计意图，然后再以 FPGA 作为硬件去实现载体，如今以 EDA 软件为开发环境，以计算机为设计开发工具的现代电子设计方法已经得到广泛应用。HDL 语言的语法语义学研究、与半导体工艺相关联的编译映射关系的研究、深亚微米半导体工艺，以及 EDA 设计工具的仿真、验证及方法研究，仍需要半导体专家和操作系统专家共同努力，以便能开发出更加先进的 EDA 工具软件。硬件、软件协同开发缩短了电子产品设计周期，加速了电子产品更新换代的步伐。毫不夸张地说，EDA 工程是电子产业的心脏起搏器，是电子产业飞速发展的原动力。

本章从应用的角度介绍 FPGA 系统开发，阐述 VHDL 编程技术，让读者全面熟悉 VHDL 语言，并在了解 FPGA 结构的基础上，学会使用 EDA 工具 Quartus Ⅱ，为集成电路设计开发打下坚实的基础。

二、FPGA 系统设计

（一）FPGA 芯片的基本原理

FPGA（现场可编程门阵列，Field Programmable Gate Array,）由 CLB（可配置逻辑块）组成，其逻辑功能可以进行重新定义。它是一种半定制电路，属于 ASIC 领域，它具有的特点是既摆脱了现有的缺点，又解决了过去定制电路生产的不足。某些宇航级和军品的 FPGA 一般是采用反熔丝与熔丝或者 Flash 工艺，大多数普通的 FPGA 采用 SRAM 工艺。FPGA 器件的密度有着几万门到几千万门的范围，由此可见它的集成度很高。

FPGA 具有时钟速度快、性能高、电压低、并行处理能力强等优点，很多高等级的芯片包含大量的块 RAM 存储和高性能数字处理资源。但是，其缺点表现为功耗较高、开发周期较长。

FPGA 重要的生产设计厂家有 Atmel，Xilin，Lattice，Algera，QuickLogic 和 Actel 等公司，其中较为出名以及较大的是 Hera，Xilin，Lattice 这三家公司。

Xilin 公司的常用 FPGA 器件系列包括 Vortex-Ⅱ，Vortex-Ⅱ pro，Vortex-4 系列 FP-GA，Vortex-5 系列 FPGA，Spartan Ⅱ &Spartan-3&Spartan3E 器件系列。

Algera 公司的常用 FPGA 器件系列包括 Stratix 系列 FPGA、Stratix Ⅱ 系列 FPGA、ACEX 系列 FPGA、FLEX 系列 FPGA、Cyclone 系列低成本 FPGA、Cydone Ⅱ 系列 FPGA、Cyclone Ⅲ系列 FPGA、Cyclone Ⅳ系列 FPGA。

Lattice 公司的常用 FPGA 器件系列包括 LatticeECP2/ECP2M 系列 FPGA、Lattices/SCM 系列 FPGA、Macho 系列 FPGA、LatticeXP 系列 FPGA。

（二）FPGA 设计开发流程

对 FPGA 芯片进行开发的过程就是 FPGA 的设计开发流程，这个过程的完成通常是要使用编程工具和 EDA 开发软件来进行。FPGA 的开发流程如图 1-5 所示，包括电路设计、设计输入、功能仿真、综合优化、综合后仿真、实现与布局布线、时序仿真与验证、板级仿真与验证、芯片编程与调试等主要步骤。

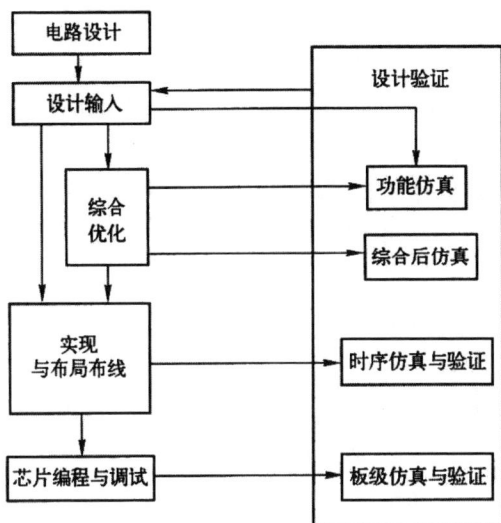

图 1-5　FPGA 开发的一般流程

1. 电路设计

电路设计是整个开发设计流程的第一步，也是极为重要的一步，主要包括 FTGA 芯片选择、系统设计、方案论证，方案筹备等准备工作。首先需要做的是确定设计系统所需的指标和复杂度的任务需求，在以上要求得以保证的前提下，系统工程师还要对工作进度，工作速度和各种芯片的资源及价格成本等诸多方面进行综合权衡，以此才能设计出最佳方案，选择合适的器件类型。首先工程师把系统分为单元，然后再向下继续划分，把单元再划分成下一层次的基本单元，直到最终 EDA 元件库可以直接使用。这是一种自顶向下的设计方法。

2. 设计输入

设计输入是开发设计环节重要的一步，是通过软件开发的某种形式将自己设计的电路或者系统正确表达出来，同时也是输入 EDA 工具的过程。在实际中，我们最普遍使用的是原理图输入方法和硬件描述语言 (HDL) 两种方法。原理图输入方法的优点是易于仿真，但是弱点较为明显，模块构造和重用较为困难，不易维护，效率低下，最大的弱点是可移植性差，比如遇到升级芯片后，与其相关的所有原理图都被迫进行改动。在可编程芯片发展的早期，正因为它是一种最直接的描述方式而得到了广泛的应用。它的方法简单直接，即直接画出从元件库中调出来的所需的器件的原理图。但是如今 HDL 语言输入法确实是实际应用中最受欢迎的，它主要通过文本描述设计的方式，并分为行为 HDL

和普通 HDL。ABEL、CUR 等属于普通 HDL，这些主要在小型简单的设计中使用，支持状态机、真值表、逻辑方程等表达方式。Verlog HDL 和 VHDL 属于行为 HDL，在工程中主要用于中大型工程。这两种语言都是优秀的，特点突出，具体表现如下：自顶向下设计，利于模块的移植与划分，语言与芯片工艺无关，具有很强的仿真和逻辑描述功能，可移植性好，输入效率较高。行为 HDL 和普通 HDL 语言都是美国电气与电子工程师协会 (IEEE) 的标准。

3. 功能仿真

在设计开发中，功能仿真也是整个过程的一部分，它也叫作前仿真。工具有 Sysnopsys 公司的 VCS，Model Tech 公司的 ModelSim 和 Cadence 公司的 NC-VHDL 及 NC-Verlog 等软件。主要的过程如下：用户通常是要在编译之前对电路做逻辑功能上的检验，但是这个检验是不会得到反馈信息的，这是因为这个检验只是对功能的一个初步的检验。然后是仿真前，需要将波形文件和测试向量全部建立好，建立的过程通常是要利用 HDL 和波形编辑器等来完成。再然后就是仿真结果的输出了，输出的结果会以信号波形和报告文件的形式产生。最后就是我们要对仿真结果进行分析，通常情况下，我们能够通过仿真结果去对各节点信号的变化情况进行分析。

4. 综合优化

把难以理解的高层次的描述变为低层次的描述，这一过程我们称之为综合优化。这些工具使用的都是各 FPGA 厂家自己的软件，但是通常 Synplicity 公司的 Synplify/Synplify Pro 软件也能够支持这些综合工具。在综合优化的这一过程的初期，我们需要先对目标与要求有所明确，然后才能够使逻辑连接得以完善，这样我们所设计的才能够在层次上达到平面化。对于当前的水平与层次来讲，综合优化不是真实的门级电路，而是将设计输入编译成由与 RAM、触发器、非门、与门、或门等基本逻辑单元构成的逻辑连接网表。真实具体的门级电路是需要通过综合后生成的标准门级结构网表来产生的。由于 RTL 级的 HDL 程序的综合、门级结构是很成熟的技术，因此这一级别的综合，基本是现有的综合器都能够支持。

5. 综合后仿真

对原设计和综合结果是否一致的检查才是综合后仿真的目的所在。通过把标准延时文件反标注到综合仿真模型中，来评估门延时对其的影响。布线后的实际情况与设计存在一定的差距，有误差，原因是这一步骤不能估计线延时。由于当前综合工具的较高层次的发展，使得综合后仿真在一些简单的设计得以不进行，但是布局布线后出现了电路结构与设计意图不一致的情况，这说明可能存在着误差等问题，这就要求我们必须来进行综合后仿真，以便于发现问题，并解决问题。在功能仿真中介绍的软件工具都是支持综合后仿真功能的。

6. 实现与布局布线

将具体的 FPGA 芯片配置上综合生成的逻辑网表，称之为实现。布局布线是其中最重要的环节。布局的方法是将逻辑网表中的底层单元和硬件原语配置到芯片内部的固有硬件结构上。布线的方法是利用芯片内部的连线资源，结合布局的拓扑结构，使各个元件都能够正确、恰当地进行连接。当前，FPGA 的结构非常复杂，通常需要通过时序驱动的引擎方式引导布局布线。软件工具会在布线完成以后，自动生成报告，报告包含对各部分资源的使用情况的说明。布局布线通常选择芯片开发商的工具，因为生产商对芯片结构最熟悉。

7. 时序仿真与验证

时序仿真主要指检测有无时序违规现象，时序仿真所反映的延迟信息能较好地反映芯片的实际工作情况，精确度极高且很全面。

不同芯片的内部延时的方法是不同的，这就会对延时造成不同的影响。综上，可以得出的结论是时序仿真与验证具有非常必要的意义：对系统和模块进行时序仿真，估计系统性能，观察时序关系，以及消除和检测风险。时序仿真这一功能在功能仿真中介绍的软件工具一般都支持。

8. 板级仿真与验证

板级仿真通常都以第三方工具进行验证与仿真，主要是对高速系统的电磁干扰、信号完整性等特征进行检测分析，主要应用于高速电路设计中。

9. 芯片编程与调试

开发设计的最后一步就是芯片编程与调试。所谓芯片编程，指的就是需要使用的数据文件，如：位数据流文件、Generation、Bitstream 等通过编程来产生，然后将编程数据写入到 FPGA 芯片，这一过程，就基本完成了。FPGA 设计的主要调试工具是逻辑分析仪 (Logic Analyzer，LA)，芯片编程与调试需要大量的测试引脚引出。目前，由于单台 LA 价格比较昂贵，主流的 FPGA 芯片生产商为了解决上述矛盾主要采用内嵌的在线逻辑分析仪，具有很高的实用价值，且只需要占用芯片少量的逻辑资源，如 Xilin ISE 中的 Algera、Chip，ScopeQuartus Ⅱ 中的 SignalProb 及 SignalTap Ⅱ。

（三）FPGA 与 CPLD 的比较

FPGA 集成度高，其基本单元是 Slice，它是基于 SRAM 架构的，有内嵌

Memory、DSP 等，支持丰富的 IO 标准。掉电后程序丢失是其中一个重要缺点，在程序丢失之后需要进行上电加载过程。FPGA 在实现复杂算法、队列调度等领域中有广泛的应用。

CPLD 基于 EEPROM 工艺，复杂度低，以 MicmCell 为基本单元。与 FPGA 所不同的是，CPLD 在掉电以后，不会造成程序的丢失，能够达到写入重复的操作。CPLD 广泛地应用在 FPGA 加载、简单控制、地址译码、黏合逻辑等设计，如 Xilin CoolRumier 系列及 Algera MAX7000 系列。

尽管 FPGA 与 CPLD 有很多共同特点，但由于 CPLD 和 FPGA 结构上的差异，又具有各自的特点：

1.CPLD 更适合于完成各种算法和组合逻辑，FPGA 更适合于完成时序逻辑。

2. 一般情况下，FPGA 的功耗要比 CPLD 小。

3.FPGA 保密性差，CPLD 保密性好。

4.FPGA 的集成度比 CPLD 高，具有更复杂的布线结构和逻辑实现。

5.CPLD 比 FPGA 使用起来更方便。FPGA 的编程信息需存放在外部存储器上，上电后必须从外部存储器进行调用，这就更复杂。

6.CPLD 的速度比 FPGA 快，并且具有较大的时间可预测性。

7. 在编程方式上，CPLD 主要是基于 EEPROM 或 FLASH 存储器编程的，编程次数可达 1 万次。其优点是系统断电时编程信息不会丢失。FPGA 的优点是可以编程任意次，可在工作中快速编程，从而实现板级和系统级的动态配置。

8. FPGA 在编程上比 CPLD 具有更大的灵活性。

9.CPLD 的连续式布线结构决定了它的时序延迟是均匀的和可预测的，而 FPGA 的分段式布线结构决定了其延迟的不可预测性。

鉴于以上特点，在进行大中型数字系统开发时，FPGA 与 CPLD 相比具有明显的优势。

（四）FPGA 与 DSP 的比较

FPGA 的功能可以实现在片内细粒度、高度并行的运算结构。DSP 一般适用于串行算法，极少应用并行算法，一般也只适合粗粒度的并行算法，并且多处理器的系统是很昂贵的。正是如此，FPGA 和 DSP 应该是各有优缺点，因此我们在使用过程中应该按需所用，发挥其最大优点。实际情况下，一般 DSP 作为主处理器，FPGA 作为协处理器，FFT，FIR 等运算通过利用 FPGA 的高并行度和可重配置实现。

FPGA 的功能用于创建原型效果较好，倘若把它用于规模化的数字系统开发就显得不是很划算，费用较高，且功耗过大，这是过去大家对 FPGA 的看法。如今，随着科学技术水平的发展，这一缺点已经得到了相应的改进并朝着更好的方向发展，如有些 FPGA 已经在功耗上与成本上低于 DSP。例如，性能提高了很多，但价格却相对平稳的 Spartan-3A DSP 系列已经被 Xilin 公司发布。Ahem 公司的 Cydone3 系列，尽管价格极低，但与 Spartan-3A DSP 相比，在性能上却没有差得太多。而 AD 公司的 Blackfin 系列处理器和 TI 公司的 C64x 系列处理器的价格相差在 5 ~ 30 美元之间。

纵观当前 FPGA 和 DSP 的市场竞争，我们可以看到的是之前价格昂贵的 FPGA，新发布的产品价格已经和主流的 DSP 价格可以展开竞争，不再受限于昂贵的价格。同时从性能上来看，新的 FPGA 计算能力是优于 DSP 的。例如，对比于 600MHz C64x DSP 每秒的累加 25 亿条操作，partan-3A DSP 能够达到每秒 200 亿条乘法累加操作 (MACs)，它们的价格都是一样的 30 美元，但在性能上却差了近十倍。

三、Quartus 的使用

Quartus II 是美国 Algera 公司自行设计的第四代 PLD 开发软件，支持 Algera 公司生产的系列 FPGA/CPLD 器件的设计开发，支持原理图、AHDL、VerlogHDL、VHDL 等多种设计输入形式。该软件是一个完全集成化、易学易用的单芯片可编程系统设计平台，它将设计、综合、布局和验证以及第三方 EDA 工具软件接口都集成在一个无缝的环境中，其界面友好、使用便捷、灵活高效，深受设计人员的欢迎。

下面以 Quartus II 8.1 版本为例，介绍使用 Quartus II 设计开发可编程器件的过程。

（一）Quartus II 的特点

Quartus II 主要具有以下特点。

1. 多平台

Quartus II 支持 Solaris，Windows，Linux 和 Hpux 等多种操作系统，第三方工具（如综合工具、仿真工具等）可以和其链接。

2. 与结构无关

Compiler(编译器) 是 Quartus II 的核心。它对多种 Algera 器件都支持，它的设计环境可以做到完全与机构不产生联系。

3. 系统完全集成化

Quartus Ⅱ包含有 MAX+plus Ⅱ的用户界面，且易于将 MAX+plus Ⅱ设计的工程文件无缝隙过渡到 Quartus Ⅱ开发环境；Quartus Ⅱ提供了基于模块的设计方法 LogicLock，在模块集成到顶层工程时，能够维持各个设计模块的性能，这为设计者独立设计和实施各种设计模块提供了便利；Quartus Ⅱ内嵌功率估计器、SignalTap Ⅱ逻辑分析器等高级工具，支持多时钟定时分析；芯片（电路）平面布局连线编辑器便于引脚分配和时序分析。

4. 支持多种输入方式

可利用原理图和硬件描述语言完成电路描述，并可将其保存为设计实体文件。

（二）基于 Quartus Ⅱ 的开发设计流程

图 1-6 所示是利用 Quartus Ⅱ进行数字系统设计开发的流程，该流程包括了仿真与定时分析、编译、设计输入、测试和编程等步骤。

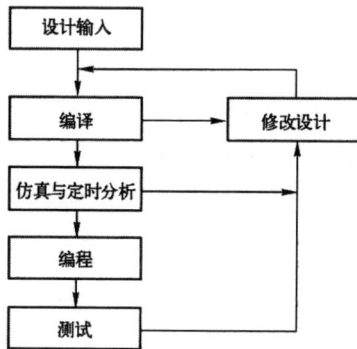

图 1-6　Quartus Ⅱ的设计开发流程

1. 设计输入

在 Quartus Ⅱ平台上对 FPGA/CPLD 开发的最初步骤是将电路、系统以一定的表达方式输入计算机。Quartus Ⅱ主要的输入方式包括原理图输入、文本输入、EDIF 网表输入。Quartus Ⅱ还在菜单中提供了向导，使用户方便在引导下完成工程的创建。需要向工程添加新的 VHDL 文件时，可以通过 "New" 命令实现。

2. 编译

在编译的过程中，需要对参数和策略进行编译，这个工程通常会有设计上的相关要求，按操作来进行即可。然后进行网表提取、逻辑综合和适配等操作，这个操作的依据则是前面编译时设置的参数和策略，最后供分析、仿真和编程所使用的报告文件、延时信息文件和编程文件全部生成。执行 Quartus Ⅱ 中的 "Processing" → "Start Compilation" 命令，开始编译。

3. 仿真与定时分析

所设计的工程在逻辑功能上是否能够准确执行，需要通过软件仿真来进行验证，如果要对系统的时间参数也要进行检验能够满足系统的定时要求，这个检验过程需要设置时间参数来进行定时分析。执行 Quartus Ⅱ 中的 "Processing" → "Start" → "Start Timing Analyzer" 命令，进行定时分析；执行 Quartus Ⅱ 中的 "Processing" → "Simulation" 命令，进行仿真。

4. 编程

为了使硬件调试和验证方便操作，通常需要通过编程器或编程电缆来对适配后生成的数据文件或配置文件向 FPGA/CPLD 下载。执行 Quartus Ⅱ 中的 "Tool" → "Programmer" 命令，进行编程。

5. 测试

为了使最后的设计工程验证实际工作方便，及时发现错误，完善设计，必须要对含有载入设计的 FPGA/CPLD 的硬件系统统一进行测试。

（三）基于 Quartus Ⅱ 的 VHDL 设计方法

基于 Quartus Ⅱ 的 VHDL 设计流程包括新建工程、编写 / 添加设计文件、分析与综合、全编译、时序仿真等步骤。下面以 3bit 计数器为例，具体说明基于 Quartus Ⅱ 的 VHDL 设计方法。

1. 建立 Quartus 工程

（1）新建工程文件夹

例如，在"我的电脑"中的"E"盘新建一个文件夹，命名为"counter"。启动 Quartus Ⅱ，进入 Quartus Ⅱ 的图形界面。

（2）新建工程

执行 Quartus Ⅱ 中的"File"→"New Project Wizard"命令，建立一个新的工程。此时，出现创建新工程向导介绍对话框。

（3）输入工程工作路径、工程文件名及顶层实体名

打开"Wizard"之后，单击"Next"按钮。此时，输入工程工作路径、工程文件名及顶层实体名。

2. 添加 / 编写设计文件

（1）添加设计文件

在对话框中设置完成后，单击"Next"按钮。

（2）编写设计文件

如果已经提前编好了源文件，则可以单击"…"按钮选择该源文件进行添加，设计文件的类型可以是原理图、AHDL、VHDL 或 Verlog 文件，然后单击"Add"按钮实现添加。

如果需要编写新的源程序，在新建工程之前，需要执行 Quartus Ⅱ 中的"File"→"New"命令新建源文件，在弹出的对话框中选择文件类型"VHDL File"。用户可以自行编写程序，并保存为"counter.chd"文件。

（3）选择设计所用器件

在对话框中添加完设计文件后，单击"Next"按钮。用户可以根据工程的需要，选择 Algera 公司器件所属的系列及具体型号。

（4）设置 EDA 工具

在对话框中，根据该工程的需要选择可编程器件后，单击"Next"按钮。

（5）查看新建工程总结

在对话框中，选择综合、仿真及时序分析所需的工具，如无特殊需要，可以采用默认配置"None"。单击"Next"按钮，用户可以查看新建工程的总结。

在完成工程新建后，Quartus Ⅱ 界面中"Project Navigator"的"Hierarchy"选项卡中会出现用户正在设计的工程名及所选用的器件型号。双击可以查看"vhdl"源程序。

3. 分析与综合

单击"Processing"→"Start"→"Start Analysis & Synthesis"命令。

4. 全编译工程

单击"Processing"→"Start Compilation"命令，或按"Ctrl"+"L"组合键执行全编译。

全编译后，可以看到工程所占用的资源等情况。

5. 时序仿真

（1）创建仿真输入波形文件

单击"File"→"New"→"OtherFiles"→"Vector Waveform File"命令。

（2）添加信号节点

在左侧的空波形文件中单击鼠标右键，在弹出的快捷菜单中单击"Insert"→"Insert Node or Bus"命令。在弹出的对话框中单击"Node Finder"按钮。在"Filter"下拉列表框中选择"Pin : unassigned"。单击"List"按钮，显示所有未被分配的引脚。分别选择节点 acle、elk 和 counter_out，单击"≥"

按钮，将节点加入右侧的"Selected Nodes"选项区中，单击"OK"按钮，就可以添加选择出来的节点。在弹出的对话框中单击"OK"按钮，添加已经确定好的节点。

（3）输入仿真激励信号

保存波形仿真文件到当前工程"counter"文件夹下面。利用左边快捷菜单栏的信号源按钮输入激励信号。通过分别设置"adr"和"dk"两个信号，得到生成的输入激励信号。

（4）波形仿真

单击"Processing"→"Start Simulation"命令启动波形仿真。

（5）查看仿真结果

仿真运行成功后，可以观察仿真结果。单击左侧的放大镜按钮，然后在波形上用鼠标右键单击会缩小波形，反之在波形上用鼠标左键单击会放大波形。

四、VHDL 语言

（一）VHDL 语言的诞生

VHDL(Very High Speed Integrated Circuit Hardware Description Language) 语言翻译成中文就是超高速集成电路硬件描述语言。

HDL 发展的起源是：在 HDL 形成发展之前，已经存在了如汇编、C、Pascal 等程序设计语言。这些语言都是在不同硬件平台上应用于不同的操作环境，尽管都能够描述过程和算法，但是它们却都不适用于对硬件进行描述。由于 CAD 的出现，人们得以使用计算机对服装、建筑等进行辅助设计，正是因为这样，电子辅助设计也逐渐发展起来。CAD 工具在逐渐进化到 EDA 工具的过程中，电子设计工具的人机界面能力也随之逐渐上升。在使用 EDA 工具来对电子进行设计时，由于电子系统的设计开始变得越来越复杂，这就导致了原本的逻辑图、分立电子元件显得不合时宜了。对于不同种类的 EDA 工具，都要求一种特定的硬件描述语言来作为 EDA 工具的工作语言。因此所有的 EDA 工具厂家，都必须设计各自的 HDL 语言。

HDL 最开始的发展是由美国国防部的多家公司进行承包的，但因为这些不同公司的技术路线也是不同的，因此造成的后果就是，这些产品不能够兼容，因为它们的设计语言各不相同，所以就造成了甲公司的产品设计不能够被乙公司来使用，这就直接导致了在信息交换和维护方面的困难。为了避免这种情况，又要降低开发费用，美国国防部则提供了一种硬件描述语言，希望可以实现功能强大、严格、可读性好的 VHDL 产品，所以美国政府要求各个公司为了避免产生歧义，所有的合同都要用它来描述。

VHDL 工作小组在美国政府的领导下，于 1981 年 6 月成立，提出了 HDL 工业标准。IBM 公司、TI 公司、Intermetrics 公司于 1983 年第 3 季度签约成果，组成了 HDL 的开发小组，这个小组所要做的就是提出语言版本和开发软件环境。直到 1986 年，IEEE 标准化组织开始讨论 VHDL 语言标准工作，1987 年 12 月通过标准审查，并宣布实施，1993 年 VHDL 重新修订，形成了新的标准，即 IEEE STD 1076-1993[LRM93]。

从此以后，美国国防部实施新的技术标准，至此第一个官方 VHDL 标准得到推广、实施和普及。

（二）VHDL 程序的基本结构

VHDL 将一个设计分为实体 (Entity) 和结构体 (Architecture)，如图 1-7 所示。其中，外部的实体是可视部分，用于端口定义；内部的结构体是不可视部分，用于内部功能定义，通过算法来实现。

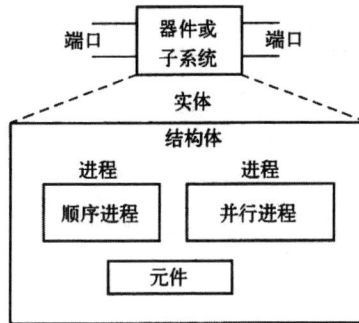

图 1-7　VHDL 的设计模块

通常来说，完整的 VHDL 程序要包含实体 (Entity)、库 (Library)、结构体 (Architecture)、程序包 (Package)、配置 (Configuration) 五个部分。一个最小化的 VHDL 程序至少包含前三个部分：库、实体和结构体。

例 1：图 1-8 所示是一个 8 位比较器的程序结构模板，从这个抽象的程序可以归纳出 VHDL 程序的基本结构。

```
LIBRARY IEEE ;
  use IEEE.STD_LOGIC_1164.ALL;
  use IEEE.STD_LOGIC_ARITH.ALL;
  use IEEE.STD_LOGIC_SIGNED.ALL;
```
库

```
ENTITY comparator IS
  PORT ( a, b : IN STD_LOGIC_VECTOR ( 7 DOWNTO 0 );
         c : OUT STD_LOGIC) ;         每行用；结尾
END comparator ;
```
实体

```
ARCHITECTURE behavior OF comparator IS
  BEGIN
    PROCESS ( a, b )
      BEGIN
        IF a = b THEN         行为描述不涉及电路结构，
            c<='1' ;          是对设计实体整体功能的一
        ELSE                  种抽象描述。
            c<='0' ;
        END IF ;
      END  PROCESS ;          关键字end后跟
END behavior ;                结构体名
```
结构体

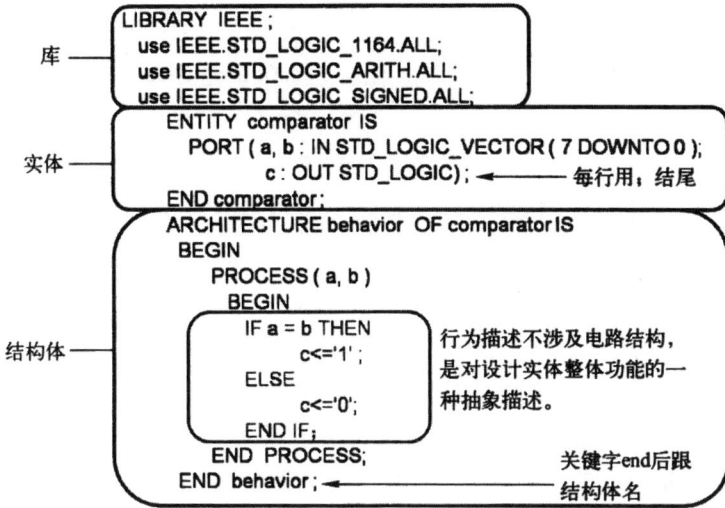

图 1-8　8 位比较器程序结构模板

由例 1 可以看出，VHDL 程序由库的调用、实体说明、结构体三个部分组成。

（三）VHDL 数据类型

VHDL 语言所定义的标准数据类型如下。

1. 整形 (Integer)

整形 Integer 表示 32 位二进制有符号整数，最大可实现的整数范围为 $-(2^{31}-1)\sim(2^{31}-1)$。例如，语句"signal s : integer range 0 to 15 ；"信号 s 的取值范围是 0 ~ 15，可用 4 位二进制数来进行表示，因此 s 将是由 4 条信号线构成的信号。

2. 实型 (Real)

在实数类型方面，VHDL 与数学上的实数或者浮点数相类似。VHDL 的实数类型只适用于仿真器使用，而不适用于综合器。

3. 位 (Bit)

位数据类型属于枚举型，取值只能是 1 和 0，只表示一个位的两种取值。位数据类型的数据对象（如变量、信号等）可以参与逻辑运算，运算结果仍是位的数据类型。

4. 位矢量 (Bit_Vector)

位矢量是基于 Bit 数据类型的数组。它是使用双引号的一组位数据，如"1011"。

5. 布尔量 (Boolean)

布尔量数据类型常用来表示信号的状态或者总线上的情况。它是一个二值枚举型数据类型，取值有 False 和 True 两种。布尔量没有数值含义，不能进行算术运算，但可以进行关系运算。

6. 字符 (Character)

字符数据类型通常使用单引号，如 'A'。字符类型区分大小写，如 'B' 不同于 'b'。

7. 字符串 (String)

字符串数据类型又称为字符串数组，字符串必须用双引号标明。

8. 时间类型 (Time)

完整的时间类型是由两部分组成的，其中包括整数部分和物理量单位部分，并且在两部分之间至少要加一个空格，即整数和单位之间要有一个空格，如 10 ms。

9. 自然数 (Natural)、正整数 (Positive)

所谓自然数就是指是非负的整数，即零和正整数，所以说自然数是整数的一个子类型；而正整数也是整数的一个子类型。

（四）VHDL 的主要描述语句

1. 赋值语句

（1）变量赋值语句

变量赋值语句的格式为目标变量：= 表达式；

例如：

a：IN STD.LOGIC；

…

a：='1'；

需要注意的是，变量赋值只能在顺序语句中使用，这种赋值是立即赋值，变量值的改变是立即发生的。

（2）信号赋值语句

信号赋值语句的格式为目标变量 < = 表达式；

例如：

b：IN STD_LOGIC_VECTOR(3 unto 0)；

…

b < = "1111"；

需要注意的是，信号赋值可以在顺序语句中使用，也可以在并行语句中使用，这种赋值是延迟赋值，信号值的改变是在进程结束时发生的。

2.IF 语句

IF 语句是一种条件控制语句，它根据语句中所设置的一种或多种条件有选择地执行指定的顺序语句。IF 语句有以下三种格式。

（1）开关控制语句

这类语句书写格式为：

    IF 条件 THEN

        顺序语句；

    END IF ；

（2）二选一控制语句

这种语句的书写格式为：

    IF 条件 THEN

        顺序语句 1 ；

    ELSE

        顺序语句 2 ；

    END IF ；

（3）多选择控制语句

这种语句的书写格式为

    IF 条件 THEN

        顺序语句 1 ；

    ELSIF 条件 THEN

        顺序语句 2 ；

    ELSIF 条件 THEN

        顺序语句 3 ；

    …

    ELSE

        顺序语句 n ；

    END IF ；

3.CASE 语句

CASE 语句根据表达式的不同取值，直接从多项顺序语句中选取其中的一项语句来进行操作。

CASE 语句的书写格式为

  CASE 表达式 IS

    WHEN 选择值 1= >顺序语句 1；

    WHEN 选择值 2= >顺序语句 2；

    WHEN 选择值 3= >顺序语句 3；

    WHEN 选择值 $n-1$= >顺序语句 $n-1$；

    WHEN OTHERS= >顺序语句 n；

  END CASE；

（五）VHDL 的进程

一个结构体通常包含一个至多个进程语句，即 PROCESS 语句进程语句。多个进程可以将结构体分割成功能相对独立的多个模块。

进程的启动由 PROCESS 语句后的敏感量列表中的信号量触发，其中任意一个信号的变化都将启动该 PROCESS 语句。例如，PROCESS(elk，acle)，该进程中如果时钟信号 elk 或异步复位信号 acle 发生变化，则该进程将被执行。

进程一般采用时序逻辑触发，在时序逻辑中，时钟是采用边沿来触发的，时钟边沿分为上升沿和下降沿。

两种边沿的描述方式如下。

上升沿描述：

  PROCESS(elk)

  BEGIN

    IF(elk，EVENT AND elk='1')THEN

        ⋮

  END PROCESS；

下降沿描述：

  PROCESS(elk)

  BEGIN

    IF(elk'EVENT AND elk='0')THEN

  END PROCESS；

五、VHDL 语言编程实例

例 2：新建一个工程，编写一个正向 / 反向可控的 4bit 计数器，文件名为 counter_bi.chd，输入信号分别为时钟信号 elk、异步复位信号 acle、控制信号

direction，输出信号为 counter_out。当 direction=0 时，反向计数；当 direction=1 时，正向计数。完成全仿真和时序仿真，观察仿真结果。

```
library IEEE ;
use IEEE.STD_LOGIC_1164.ALL ;
useIEEE.STD_LOGIC_ARITH.ALL ;
useIEEE.STD_LOGIC_UNSIGNED.ALL ;
entity counter_bi is
    port(
        elk :in std_logic ;
        acle :in std_logic ;
        direction :in std_logic ;
        counter_out :out std_logic_vextor(3 unto 0) ;
        ) ;
end counter_bi ;
architecture Behavioral of counter_bi is
signal counter_out_reg : std_logic_vextor(3 unto 0) ;
begin
    process(elk，acle)
        begin
            if acle='1'then
                counter_out_reg < =(others= > '0') ;
            elsif elk'event and elk='1'then
                if direction='1'then
                    counter_out_reg < =counter_out_reg+1 ;
                else
                    counter_out_reg < =counter_out_reg−1 ;
                end if ;
            endif ;
        end process ;
        counter_out < =counter_out_reg ;
    end Behavioral ;
```

例3：设计一个 8bit 比较器，完成时序仿真。具体功能如下：当输入 a＜b 时，输出 c=01；当输入 a=b 时，输出 c=10；当输入 a＞b 时，输出 c=11。

```
library IEEE ;
use IEEE.STD_LOGIC_1164.ALL ;
useIEEE.STD_LOGIC_ARITH.ALL ;
useIEEE.STD_LOGIC_UNSIGNED.ALL ;
entity compare8 is
    port(
        a : instr_logic_vextor(7 unto 0) ;
        b : instr_logic_vextor(7 unto 0) ;
        c : outstd_logic_vextor(1 unto 0)
    );
end compare8 ;
architecture Behavioral of compare8 is
begin
    process(a，b)
        begin
            if(a ＜ b)then
                c ＜ ="01" ;
            elsif(a=b)then
                c ＜ ="10" ;
            else
                c ＜ ="11" ;
            end if ;
    end process ;
end Behavioral ;
```

第二章 通信信号与系统分析

随着计算机、微电子、数字信号处理技术的不断发展，数字通信发展十分迅速。数字通信的研究包括数字形式的信息从产生该信息的信源到一个或多个目的地的传输问题。本章将回顾数字通信系统分析中常用到的一些基本方法和技术。重点不在于理论的详细阐述，而把注意力放在使用 MATLAB 对这些分析方法和技术的实现上。

第一节 概述

信号是信息的物理表现形式或是传递信息的函数，系统定义为处理（或变换）信号的物理设备。在此，主要讨论离散时间信号（序列）的分析和处理。

一、离散信号

一个信号 $x(t)$ 可以是连续时间信号（模拟信号），也可以是离散时间信号（数字信号）。若 $x(t)$ 是离散信号，则 t 仅在时间轴的离散点上取值，这时应将 $x(t)$ 改记为 $x(mT_s)$，T_s 表示相邻两个点之间的时间间隔，又称抽样周期，n 取整数，即

$$x(nT_s), n = -N_1, \cdots, -1, 0, 1\cdots, \ N_2$$

式中，N_1，N_2 是 n 的取值范围。一般来说，可以把 T_s 归一化为 1，则 $x(mT_s)$ 可简记为 $x(n)$。

这样表示的 $x(n)$ 仅是整数 n 的函数，所以，又称 $x(n)$ 为离散时间序列。例如，对一个余弦函数 $\cos 2t$ 以 0.1 s 的抽样周期对其进行抽样得到的序列即为离散时间序列。下面画出该信号。

例 1：画出 $x = \cos 2t, 0 \leqslant t \leqslant 2\pi$ 的抽样序列，抽样周期 $T_s = 0.1$。代码如下：

1. t=0:0.1:2*pi;

2. x=cos(2*t);

3. stem(t,x);

说明：代码第 1 行表示抽样时间，第 2 行是抽样时刻对应的余弦函数值，第 3 行是以抽样时刻为横坐标，抽样值为纵坐标画出该序列。

序列可以进行各种运算，下面对常用的运算进行简单介绍。

（一）信号的相加与相乘

两个信号 $x_1(n)$ 和 $x_2(n)$，分别对应相加与相乘可得到新的信号，即

$$\begin{cases} x(n) = x_1(n) + x_2(n) \\ y(n) = x_1(n)x_2(n) \end{cases}$$

上述的相加或相乘表示将 $x_1(n)$，$x_2(n)$ 在相同时刻 n 时的值对应相加或相乘。

例 2：分别画出信号 $x_1(n)$=sin(2 π × 0.1 n) 与信号 $x_2(n)$=exp(−0.1n)，$0 \leq n \leq 40$ 及它们的相加和相乘序列。代码如下：

1. clear all

2. n=0:40;

3. x1=sin(2*pi*0.1*n);

4. x2=exp(−0.1*n);

5. x=x1+x2;

6. y=x1.*x2;

7. subplot(4,1,1);stem(n,x1);title('x1')

8. subplot(4,1,2);stem(n,x1);title('x2')

9. subplot(4,1,3);stem(n,x);title('x')

10. subplot(4,1,4);stem(n,y);tide('y')

说明：程序的第 2 ~ 4 行是产生两个信号序列，第 5 行是求两个信号的相加序列，第 6 行是求相乘序列，第 7 ~ 10 行则是画出两个信号序列及它们的相加和相乘序列。

（二）卷积和

卷积和是求离散线性移不变系统输出响应的主要方法。设两序列为 $x(n)$、$h(n)$，则其卷积和定义为

$$y(n) = \sum_{m=-\infty}^{\infty} x(m)h(n-m) = x(n) * h(n)$$

式中，"*"表示卷积和。MATLAB 提供了求两个序列卷积和函数 conv(x，y)。利用它可方便地求出两个序列的卷积和。

例 3：求序列 $h(n)$=exp(−0.1n)，$x(n)$=exp(−0.2n)，$0 \leq n \leq 40$ 的卷积和。

代码如下：

1. clear all

2. n=0:40;

3. h=exp(–0.1*n);

4. x=exp(–0.2*n);

5. y=conv(x,h);

6. subplot(3,1,2);stem(h);title('h')

7. subplot(3,1,2);stem(x);title('x')

8. subplot(3,1,3);stem(y);title('y')

说明：程序的第 2 ~ 4 行是产生两个信号序列，第 5 行是求两个信号的卷积和，第 6 ~ 8 行则是画出两个信号序列及它们的卷积和序列。

需要注意的是，卷积和的长度不等于原始序列的长度，设两个原始序列的长度分别是 n 和 m，则卷积和序列的长度为 $n+m-1$。

二、离散时间系统

一个离散时间系统可以抽象为一种变换或是一种影射，即把输入序列 $x(n)$ 变换为输出序列 $y(n)$，即

$$y(n) = T[x(n)]$$

式中，T 代表变换。

这样，一个离散时间系统既可以是一个硬件装置，也可以是一个数字表达式。总之，一个离散时间系统的输入 / 输出关系如图 2-1 所示。

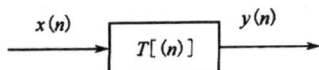

图 2-1　离散时间系统

例 4：一个离散时间系统的输入 / 输出关系为

$$y(n) = ay(n-1) + x(n)$$

式中，a 为常数。

该系统表示，现在时刻的输出 $y(n)$ 等于上一次的输出 $y(n-1)$ 乘以常数 a 再加上现在的输入 $x(n)$，这是一个一阶的自回归差分方程，若

$$x(n) = \begin{cases} 1, n = 0 \\ 0, n \neq 0 \end{cases}$$

$$x\ (\ n\ )=\begin{cases} \exp\left(-0.1n\right),0\leqslant n\leqslant 40 \\ 0, \qquad\qquad\quad 其他 \end{cases}$$

且 $a=0.8$，$y(n)=0$，$n<0$，$y(0)=x(0)$，试分别求上述系统在所给输入下的响应。

1. clear all

2. N=60;

3. x1=zeros(1,N);

4. x1(1)=1;

5. x2=zeros(1,N);

6. x2(1:41)=exp(-0.1* (0 : 40));

7. y1(1)=x1(1);

8. y2(1)=x2(1);

9. for n=2:N

10. y1(n)=0.8*y1(n-1)+x1(n);

11. y2(n)=0.8*y2(n-1)+x2(n);

12. end

13. subplot(4,1,1);stem(x1);title('x1')

14. subplot(4,1,2);stem(x2);title('x2')

15. subplot(4,1,3);stem(y1);title('y1')

16. subplot(4,1,4);stem(y2);title('y2')

程序的第 2 行是设定要求的 y 序列的长度，第 3 ~ 6 行是分别产生的两个输入序列，第 7，8 行是求输出序列的初始值，第 9 ~ 12 行是根据输入 / 输出关系求对应的输出序列，第 13 ~ 16 行是分别画出两个输入序列及对应的输出序列。

例 5：一个离散时间系统的输入 / 输出关系为

$$y(n)=\sum_{k=0}^{M-1}b(k)x(n-k)$$

式中，$b(0)$，$b(1)$，$\cdots$，$b(M-1)$ 为常数。

这一类系统称为"有限冲激响应"系统，简称 FIR 系统。一阶自回归模型中由于包含了由输出到输入的反馈，因此其冲激响应为无限长，这一类系统称为"无限冲激响应"系统，简称 IIR 系统。

设 $M=3$，$b(0)=1/2$，$b(1)=1/8$，$b(2)=3/8$，$x(n)=\begin{cases} 1,0\leqslant n\leqslant 5 \\ 0,其他 \end{cases}$，

试求其输出响应。代码如下：

1. clear all

2. x=ones(1,6);

3. b=[1/2 1/8 3/8];

4. y=conv(x,b);

5. subplot(3,1,1);stem(x);title('x')

6. subplot(3,1,2);stem(b);title('b')

7. subplot(3,1,3);stem(y);title('y')

程序的第2行是产生输入序列，第3行是产生系数 b，第4行是求输出序列，在此采用了输入序列与系数 b 进行卷积和的方式，第5～7行是分别画出输入序列，系数 b 及对应的输出序列。

三、信号的能量和功率

对连续时间信号 $x(t)$ 和离散时间信号 $x(n)$，其能量分别定义为

$$E = \int_{-\infty}^{\infty} |x(t)|^2 \, dt$$

$$E = \sum_{-\infty}^{\infty} |x(n)|^2$$

如果 $E < \infty$，称 $x(t)$ 或 $x(n)$ 为能量有限信号，简称能量信号；如果 $E > \infty$，则称为能量无线信号。若 $x(t)$ 和 $x(n)$ 的能量无限，往往研究它们的功率。信号 $x(t)$，$x(n)$ 的功率分别定义为

$$P = \lim_{T \to \infty} \frac{1}{T} \int_{-T/2}^{T/2} |x(t)|^2 \, dt$$

$$P = \lim_{N \to \infty} \frac{1}{2N+1} \sum_{n=-N}^{N} |x(n)|^2$$

若 $P < \infty$，则称 $x(t)$ 或 $x(n)$ 为功率有限信号，简称功率信号。

周期信号、准周期信号及随机信号，由于其时间是无限的，所以它们总是功率信号。一般在有限区间内存在的确定性信号是能量信号。例如，$x(n)=1$，$0 \leqslant n \leqslant 100$ 是能量信号，而 $x(n)=\sin(2\pi n)$，$-\infty \leqslant n \leqslant \infty$，是功率信号。

第二节　Fourier 分析

Fourier 分析包含连续信号和离散信号的 Fourier 变换和 Fourier 级数，本节简要回顾连续时间信号的 Fourier 变换和 Fourier 级数的基本概念，以及数字信

号处理中最基本也是最重要的离散 Fourier 变换 (DFT)。

一、连续时间信号的 Fourier 变换

设 $x(t)$ 为一连续时间信号，若 $x(t)$ 绝对可积，即

$$\int_{-\infty}^{\infty} |x(t)| dt < \infty$$

那么，$x(t)$ 的 Fourier 变换存在，并定义为

$$X(j\Omega) = \int_{-\infty}^{\infty} x(t) e^{-j\Omega t} dt$$

其反变换为

$$x(t) = \frac{1}{2\pi} \int_{-\infty}^{\infty} X(j\Omega) e^{j\Omega t} d\Omega$$

式中，$\Omega = 2\pi f$，单位为 rad/s，将 $X(j\Omega)$ 表示成 $|X(j\Omega)| e^{j\varphi(\Omega)}$ 的形式，即可得到 $|X(j\Omega)|$ 和 $\varphi(\Omega)$ 随 Ω 变化的曲线，分别称为幅频特性和相频特性。

MATLAB 的 Symbolic Math Toolbox 提供了能直接求解傅立叶变换及其逆变换的函数 fourier 和 fourier。

F =fourier(f) 是符号函数 f 的 Fourier 变换，默认返回是关于 ω 的函数。

f =fourier(F) 是函数 F 的 Fourier 逆变换，默认的独立变量是 ω，默认返回是关于 x 的函数。

1. 在调用函数 fourier 和 fourier 之前，需用 sums 命令对所用到的变量进行说明，即要将这些变量说明成符号变量。

2. 采用 fourier 和 fourier 得到的返回函数，仍然是符号表达式。如需对返回的函数作图，则应用 ezplot 绘图命令，而不是用 plot 命令。如果返回函数中含有狄拉克函数 $\delta(t)$ 等的项，则用 ezplot 也无法作图。

例6：试绘出连续时间信号 $f(t) = te^{-|t|}$ 的时域波形 $f(t)$ 及相应的副频特性。代码如下：

1. clear all

2. sums t;

3. f=t*exp(−abs(t));

4. subplot(1,2,1);ezplot(f);

5. F=fourier(f);

6. subplot(1,2,2);ezplot(abs(F));

第 2 行是说明 t 为符号变量，第 3 行是生成函数 $f(t)$ 的符号表达式，第 4 行

是绘出函数 $f(t)$ 的图形, 第 5 行是求函数 $f(t)$ 的 Fourier 变换, 第 6 行是绘出相应的幅频响应曲线。

程序执行结果:

F=−4*i/（1+w^2)^2*w

例 7: 若某信号的 Fourier 变换 $F(\omega)=\pi e^{-|\omega|}$, 试绘出该信号的时域波形和频谱图。代码如下:

1. clear all

2. sums t w;

3. F=pi*exp(−abs(w));

4. subplot(1,2,1);ezplot(abs(F));

5. f=fourier(F,t)

6. subplot(1,2,2);ezplot(f)

第 2 行是说明 t, w 为符号变量, 第 3 行是生成函数 $F(\omega)$ 的符号表达式, 第 4 行是绘出函数 $F(\omega)$ 的图形, 第 5 行是求函数 $F(\omega)$ 的 Fourier 反变换, 因为 fourier 默认返回是关于 x 的函数, 所以在此指定改变返回为 t 的函数, 第 6 行是绘出相应的时域波形曲线。

程序执行结果:

f=1/（1+t^2)

满足条件的 $x(t)$ 必不是周期信号, 因此, 严格地说, 只有非周期信号才有 Fourier 变换。若 $x(t)$ 是一连续时间周期信号, 设周期为 T_0, 即 $x(t)=x(t+nT_0)$。显然, $x(t)$ 不满足条件的绝对可积条件, 不能求出 Fourier 变换。但是, 如果 $x(t)$ 满足 Dirichlet 条件, 可以将其展开为 Fourier 级数, 即

$$x(t)=\sum_{k=-\infty}^{\infty} X(k\Omega_0)e^{jk\Omega_0 t}, k=0,\pm1,\cdots,\pm\infty$$

式中, $\Omega_0=2\pi/T_0=2\pi f_0$, 为信号 $x(t)$ 的基波频率; $k\Omega_0$ 为其第 k 次谐波频率; $X(k\Omega_0)$ 称为 $x(t)$ 在 k 次谐波处的 Fourier 系数, 它的幅度反映了信号 $x(t)$ 中所包含的频率为 $k\Omega_0$ 的成分的大小。

实际上, 周期信号 $x(t)$ 可以由无数的复正弦 { $e^{jk\Omega_0 t}$, $k=0$, ±1, $\cdots$, $\pm\infty$ } 作为基本信号再乘以不同的加权值 $X(k\Omega_0)$ 复合而成。因为每一个复正弦只含有单一的频率成分 $k\Omega_0$, 自然, $X(k\Omega_0)$ 即是该频率相应复正弦的幅度。

因为 $X(k\Omega_0)$ 仅在 Ω_0 的整数倍上取值, 所以它在频率轴上取离散值。$X(k\Omega_0)$ 可由下式求出, 即

$$X(k\Omega_0) = \frac{1}{T}\int_t^{t+T} x(t)\mathrm{e}^{-jk\Omega_0 t}\mathrm{d}t$$

因为 $X(k\Omega_0)$ 是复数，所以

$$X(k\Omega_0) = |X(k)|\mathrm{e}^{j\theta_k}$$

式中，$|X(k)|$ 是频率为 nf_0 的分量的振幅，θ_k 是频率为 nf_0 的分量的相位。

需要指出的是，$X(k\Omega_0)$ 和 $X(j\Omega)$ 的物理意义不同：

1. 后者是 Ω 的连续函数，而前者是 Ω 轴上的离散函数。

2. $X(j\Omega)$ 是频谱密度的概念，而 $X(k\Omega_0)$ 是谐波幅度的概念。

例 8：设一周期性方波的周期为 T，宽度为 τ，幅度为 V，有

$$x(t) = \begin{cases} V, -\tau/2 \leqslant t \leqslant \tau/2 \\ 0, \tau/2 < t < (T-\tau/2) \end{cases}, x(t) = x(t-T), -\infty < t < \infty$$

假设：$T = 4$，$\tau = 1$，$V = 1$。试求：

（1）该周期信号的 Fourier 系数。

（2）画出 $f(t)$ 的离散谱。

解：

$$\begin{aligned}
X(k\Omega_0) &= \frac{1}{T}\int_{-\tau/2}^{\tau/2} V\mathrm{e}^{-jk\Omega_0 t}\mathrm{d}t = \frac{1}{T}\left[-\frac{V}{jk\Omega_0}\mathrm{e}^{-jk\Omega_0 t}\right]_{-\tau/2}^{\tau/2} \\
&= \frac{V}{T}\cdot\frac{\mathrm{e}^{jk\Omega_0\tau/2} - \mathrm{e}^{-jk\Omega_0\tau/2}}{jk\Omega_0} = \frac{2V}{k\Omega_0 T}\cdot\sin k\Omega_0\frac{\tau}{2} = \frac{1}{4}\mathrm{sinc}\left(\frac{k}{4}\right)
\end{aligned}$$

式中，$\mathrm{sinc}(x)$ 定义为

$$\mathrm{sinc}(x) = \frac{\sin \pi x}{\pi x}$$

注意到 $X(k\Omega_0)$ 总是实数，因此根据它的符号，相位不是 0，就是 π，$X(k\Omega_0) = \frac{1}{4}\left|\mathrm{sinc}\left(\frac{k}{4}\right)\right|$。

画出信号离散谱的代码如下：

1. clear all

2. k=-50:50;

3. X=0.25*sinc(k/4);

4. Stem(k,X)

第 2 行是产生代表离散频率处的 k，第 3 行是计算相应离散频率处的频谱，

第 4 行是画出相应的离散谱。

二、离散时间信号的 Fourier 变换

设 $h(n)$ 为一线性时不变系统的单位抽样响应，定义

$$H(\mathrm{e}^{\mathrm{j}\omega}) = \sum_{n=-\infty}^{\infty} h(n)\mathrm{e}^{-\mathrm{j}\omega n}$$

为系统的频率响应。该式也是离散时间序列的 Fourier 变换 (Discrete Time Fourier Transform，DTFT)。$H(\mathrm{e}^{\mathrm{j}\omega})$ 是 ω 的连续函数，且是周期的，周期为 2π。其中，ω 是用弧度度量的，称为数字频率。比较可以看出，DTFT 也看作是周期信号 $H(\mathrm{e}^{\mathrm{j}\omega})$。在频域内展成的 Fourier 级数，其 Fourier 系数是时域信号 $h(n)$。

离散信号 $h(n)$ 的 DTFT 存在的条件是 $h(n)$ 是绝对可和的，即满足

$$\sum_{n=-\infty}^{\infty} |h(n)| < \infty$$

相应的，其 DTFT 反变换 (IDTFT) 可以表示为

$$h(n) = \frac{1}{2\pi} \int_{-\pi}^{\pi} H(\mathrm{e}^{\mathrm{j}\omega})\mathrm{e}^{\mathrm{j}\omega n} \mathrm{d}\omega$$

根据上述 DTFT 的定义，可以利用 MATLAB，由 $h(n)$ 直接计算 $H(\mathrm{e}^{\mathrm{j}\omega})$，在频率区间 $[0, T_l]$ 的值并绘出它的模和相角。

假设序列 $h(n)$ 在区间 $n_1 \leq n \leq n_2$ 有 N 个样本值，要计算其在下述频率点上的 $H(\mathrm{e}^{\mathrm{j}\omega})$：

$$\varpi_k = k\frac{\pi}{M}, \ k = 0,1,\cdots,M-1$$

首先定义一个 $(M+1) \times N$ 的矩阵，即

$$\boldsymbol{W} = \{W(k,n) = \mathrm{e}^{-\mathrm{j}(\pi/M)kn}, n_1 \leq n \leq n_2, k = 0,1,\cdots,M-1\}$$

如果将 $\{k\}$ 和 $\{n\}$ 写为列矢量，则有

$$\boldsymbol{W} = [\mathrm{e}^{-\mathrm{j}(\pi/M)K^{\mathrm{T}}n}]$$

于是，在所求频率点上的 $H(\mathrm{e}^{\mathrm{j}\omega})$ 值可以写为

$$\boldsymbol{H}^{\mathrm{T}} = \boldsymbol{h}^{\mathrm{T}} * \boldsymbol{W}$$

例 9：求下列序列的 DTFT 并绘制频谱图

（1）$h(n) = \mathrm{e}^{-|0.1n|}$，$-15 \leq n \leq 5$

（2）$h(n) = 1$，$0 \leq n \leq 20$

代码如下：

1. w=-4:0.001:4;

2. n1=-15:15;

3. n2=0:20;

4. h1=exp(-abs(0.1*n1));

5. h2(n2+1)=1;

6. Hjs1=h1*(exp(-j*pi).^(n1'*w));

7. Hjs2=h2*(exp(-j*pi).^(n2'*w));

8. subplot(2,1,1);plot(w,abs(Hjs1))

9. title('H1');label('pi 弧度 (w)');label(' 振幅 ')

10. subplot(2,1,2);plot(w,abs(Hjs2));

11. title('H2');label(pi' 弧度 (w)');label(' 振幅 ')

说明：第 1 行是产生要计算的频率 ω 的范围，相邻数字频率间隔的是 0.001；第 2 ~ 5 行是分别产生两个信号序列；第 6 ~ 7 行是分别求两个数字序列相应的 DTFT 值；第 8 ~ 11 行是绘制相应的频谱图，在绘图时是以 π 弧度为单位的，这样便于读数。

离散时间信号的 Fourier 变换有一些十分重要的性质，如卷积性质、频移性质等。

DTFT 的频移性质是指序列乘以复指数序列对应于频域的频移，即

$$\text{DTFT}(h(n)e^{j\omega_1 n}) = H(e^{j(\omega-\omega_1)})$$

下面举例分析 DTFT 的频移特性。

例 10： 给定序列 $h(n)=1$，$0 \le n \le 20$ 和 $x(n)=h(n)\,e^{j\pi n/4}$，分别计算它们的离散时间 Fourier，并比较结果。程序代码如下：

1. clear all

2. W=-1:0.001:1;

3. n=0:20;

4. h(n+1)=1;

5. x=h.*exp(j*pi*n/4);

6. Hjs=h*(exp(-j*pi).^(n'*w));

7. Xjw=x*(exp(-j*pi).^(n'*w));

8. subplot(2;2;1);plot(w,abs(Hjs))

9. title('H');label('pi 弧度 (w)');label(' 振幅 ')

10. subplot(2;2;2);plot(w;angle(Hjs)/pi);

11. title('H');label('pi 弧度 (w)');label(' 相位 ')

12. subplot(2;2;3);plot(w;abs(Xjw));

13. title('X');label('pi 弧度 (w)');label(' 振幅 ')

14. subplot(2;2;4);plot(w;angle(Xjw)/pi);

15. tide('X');label('pi 弧度 (w)');label(' 相位 ')

第 2 行是产生要计算的频率 ω 的范围，相邻数字频率的间隔是 0.001，由于 DTFT 的周期性，在此只计算了 $[-\pi，\pi]$ 范围内的 DTFT 值；第 3 ~ 5 行是分别产生两个信号序列；第 6，7 行是分别求两个数字序列相应的 DTFT 值；第 8 ~ 15 行是绘制相应的频谱图，在绘图时同样是以 π 弧度为单位的。

序列 $h(n)$ 和 $x(n)$ 的频谱的形状是完全相同的，只是 $x(n)$ 的频谱曲线是 $h(n)$ 的频谱曲线沿横轴平移了一段距离。这样，就验证了 DTFT 的频移特性。

一个单位脉冲响应为 $h(n)$ 的系统对输入序列 $x(n)$ 的输出为

$$y(n) = x(n) * h(n)$$

根据 DTFT 的卷积性质，有

$$Y(e^{j\omega}) = \mathrm{DTFT}[y(n)] = \mathrm{DTFT}[x(n) * h(n)] = X(e^{j\omega})H(e^{j\omega})$$

可以利用这一性质求系统在输入信号为 $x(n)$ 时的系统响应。可以先求出 $X(e^{j\omega})$ 和 $H(e^{j\omega})$，进而求出 $Y(e^{j\omega})$，再通过 IDTFT 求出 $y(n)$，这样就可以绕过求卷积的步骤。

例 11：一个系统的单位脉冲响应为 $h(n) = \sin(0.2n) e^{-0.1n}$，$0 \leq n \leq 30$，试求：

（1）该系统的频率响应。

（2）若输入信号为 $x(n) = 2\sin(0.2\pi n) + 3\cos(0.4\pi n)$，$0 \leq n \leq 30$，确定该系统的稳态输出响应。

程序代码如下：,

1. clear all

2. w=-1:0.001:1;

3. n=0:30;

4. h=sinc(0.2*n);

5. x=2*sin(0.2*pi*n)+3*cos(0.4*pi*n);

6. Hjs=h*(exp(-j*pi).^(n'*w));

7. Xjw=x*(exp(-j*pi).^(n'*w));

8. Yjw=Xjw.*Hjs;

9. n1=0:2*length(n)−2;

10. dw=0.001*pi;

11. y=(dw*Yjw*(exp(j*pi).^(w'*n1)))/(2*pi);

12. y1=conv(x,h);

13. subplot(3,1,1);plot(w,abs(Hjs))

14. title('H');label('pi 弧度 (w)');label(' 振幅 ')

15. subplot(3,1,2);plot(w,abs(Xjw));

16. title('X');label('pi 弧度 (w)');label(' 振幅 ')

17. subplot(3,1,3);plot(w,abs(Yjw));

18. title('Y');label('pi 弧度 (w)');label(' 振幅 ')

19.

20. figure

21. subplot(2,1,1);stem(abs(y));title(' 通过 IDTFT 计算出的输出序列 Y');

22. subplot(2,1,2);stem(abs(y1));title(' 通过时域卷积计算出的输出序列 Y1')

第 2 行是产生要计算的频率 ω 的范围，相邻数字频率的间隔是 0.001，同例 10 一样，在此只计算了 $[-\pi，\pi]$ 范围内的 DTFT 值；第 4，5 行是分别产生系统的脉冲响应序列和输入信号序列；第 6，7 行是分别求脉冲响应和输入信号的 DTFT；第 8 行是计算输出序列的 DTFT；第 9 行是确定输出序列的长度。由于在 IDTFT 的定义中用到了积分，为了在程序中能够实现，我们是用分段求和的方法来代替积分，因此第 10 行是确定分段求和的步长，它等于相邻频率的间隔；第 11 行是用求和代替积分，求出 IDTFT；第 12 行是用时域序列卷积的方法计算输出序列；第 13 ～ 18 行是分别画出系统的频率响应、输入序列的频率响应和输出序列的频率响应；第 20 ～ 22 行是分别画出通过 IDTFT 计算出的输出序列和通过时域卷积计算出的输出序列，这两种方法的结果是完全一致的。

三、离散 Fourier 变换

离散时间信号的 Fourier 变换有两个特点：一是变换是用于无限长的序列；二是变换的结果是自变量 ω 的连续函数。

从数值计算的角度来看，第 2 个特点限制了它的应用范围，因为这要求计算序列的无限项和。在前面为了计算无限长序列的 DTFT，是把序列进行截断而得到有限长的近似。换句话说，DTFT 虽然在理论上具有很重要的意义，但在实际中往往难以得到，不适合在计算机上实现。

为了在实际中得到信号的频域变换，需要一种在时域和频域上都是离散的 Fourier 变换对，这就是离散 Fourier 变换 (DFT)。由于长序列的 DFT 计算量相当大，因此出现了几种计算 DFT 的高效方法，统称为快速 Fourier 变换 (FFT)。事实上，正是由于 FFT 的出现，才使 DFT 在实际中得到广泛的应用。

给定一个离散序列 $x(n)$，其 DFT 及 IDFT 的公式如下：

$$\begin{cases} X(k) = \sum_{n=0}^{N-1} x(n) e^{-j\frac{2\pi}{N}nk} = \sum_{n=0}^{N-1} x(n) W_N^{nk}, \ k = 0, 1, \cdots, N-1 \\ x(n) = \frac{1}{N} \sum_{n=0}^{N-1} X(k) e^{j\frac{2\pi}{N}nk} = \frac{1}{N} \sum_{n=0}^{N-1} x(n) W_N^{-nk}, \ n = 0, 1, \cdots, N-1 \end{cases}$$

式中，$W_N = e^{-j\frac{2\pi}{N}}$。DFT 对应的是在时域、频域都是有限长，且都是离散的。

例 12：一个离散序列为 $x(n) = \sin(0.2n) e^{-0.1n}$，$0 \leq n \leq 30$，试求该序列的 DET。

程序代码如下：

1. clearall

2. n=0:30;

3. x=sin(0.2*n).*exp(–0.1*n);

4. k=0:30;

5. N=31;

6. Wn=exp{–j*2*pi > N).^(n'*k);

7. X=x*Wn;

8. subplot(2,1,1);stem(n,x);title(' 序列 x')

9. subplot(2,1,2);stem(–15:15,[abs(X(17:end))abs(X(1:16))])

10. title('X 幅度 ')

程序的第 3 行是产生信号序列，第 6，7 行是根据 DFT 的定义计算序列的 DFT 值，第 8 行是画出信号序列，第 9 行是画出序列 DFT 的幅度。在这里，对产生的 DFT 序列进行重新排列。这是因为 DFT 默认的下标范围是 [0, N-1]，采取对下标的重新排列，是为了体现序列 DFT 的对称性。

事实上，在 MATLAB 中提供了 fft 函数来计算有限离散序列的 DFT。在上面的程序中为了说明 DFT 的计算过程，采用了 DFT 的原始定义。

下面讨论一下 DFT 的循环卷积性质。

设序列 $x(n)$，$h(n)$ 都是 N 点序列，其 DFT 分别是 $X(k)$，$H(k)$，$Y(k)$，若

$$y(n) = x(n) \,\text{\textcircled{N}}\, h(n) = \sum_{i=0}^{N-1} x(i)h(n-i)$$

则

$$Y(k) = X(k)\boldsymbol{H}(k)$$

式中，N 表示做 N 点循环卷积。

一般对两个 N 点序列的循环卷积，其矩阵形式如下：

$$\boldsymbol{y} = \begin{bmatrix} y(0) \\ y(1) \\ \vdots \\ y(N-1) \end{bmatrix} = \begin{bmatrix} h(0) & h(N-1) & \cdots & h(1) \\ h(1) & h(0) & \cdots & h(2) \\ \vdots & \vdots & & \vdots \\ h(N-1) & h(N-2) & \cdots & h(0) \end{bmatrix} \cdot \begin{bmatrix} x(0) \\ x(1) \\ \vdots \\ x(N-1) \end{bmatrix} = \boldsymbol{H} \cdot \boldsymbol{x}$$

式中矩阵 $\boldsymbol{H}$ 称为循环矩阵，由第 1 行开始，依次向右移动一个元素，移出去的元素在下一行的最左边出现，即每一行都是由 $h(0)$，$h(N-1)$，$\cdots$，$h(1)$ 这 N 个元素依此法则移动所生成的。故称 $\boldsymbol{H}$ 为循环矩阵，因此对应的卷积也称循环卷积。

例 13：已知序列 $h(n)$ ={6, 3, 4, 2, 1, −2}，$x(n)$ ={3, 2, 6, 7, −1, −3}，试分别用直接法和 DFT 求两个序列的循环卷积序列。

程序代码如下：

1. clear all
2. h=[6 3 4 2 1−2];
3. x=[3 2 6 7 −1 −3];
4. h1=fliplr(h);
5. H=toeplitz(h,[h(1)h1(1:5)]);
6.
7. y=H*x';
8. H=fft(h);
9. X=fft(x);
10. Y=H.*X;
11. y1=ifft(Y);
12.
13. subplot(2,1,1);stem(y);title(' 直接计算 ')
14. subplot(2,1,2);stem(y1);title('DFT 计算 ')

说明：第 2，3 行是产生两个信号序列，第 4 行是反转序列 h，第 5 行是利用 toeplitz 函数生成循环矩阵，第 6 行是计算循环卷积序列，第 8，9 行分别是计算两个序列的 DFT 值，第 10 行是计算循环卷积序列的 DFT 值，第 11 行是根据 DFT 值计算循环卷积序列，第 13，14 行是分别画出两种方法得到的结果。

从结果中，可以看到两种方法得到的结果是完全一样的。

设 $x(n)$ 为一 M 点序列，$h(n)$ 为一 L 点序列，$y(n) = x(n) * h(n)$，即 $y(n)$ 是 $x(n)$ 和 $h(n)$ 的线性卷积，那么 $y(n)$ 是一（$M + L - 1$）点的序列。由上面的讨论可知，DFT 对应循环卷积而不对应线性卷积。如果利用 DFT 计算两个序列的线性卷积，则可以采用以下方法。

1. 对 M 点序列 $x(n)$，L 点序列 $h(n)$ 分别作扩展，构成新序列 $x'(n)$，$h'(n)$，它们的长度都是 $M + L - 1$ 点，即

$$x'(n) = \begin{cases} x(n) & ,n = 0,1,\cdots,M-1 \\ 0 & ,n = M,\cdots,M+L-2 \end{cases}$$

$$h'(n) = \begin{cases} h(n) & ,n = 0,1,\cdots,L-1 \\ 0 & ,n = L,\cdots,M+L-2 \end{cases}$$

2. 计算 $x'(n)$，$h'(n)$ 的 DFT 值 $X'(k)$，$H'(k)$，并计算 $Y'(k)$，$Y'(k) = X'(k)H'(k)$。

3. 计算输出序列 $y(n)$，$y(n) = y'(n) = \text{IDFT}(y'(k)) = \text{IDFT}(X'(k)H'(k))$。

例 14： 已知序列 $h(n) = \text{sinc}(0.2n)$，$0 \le n \le 20$，$x(n) = e^{-0.2n}$，$0 \le n \le 10$，试分别用直接法和 DFT 法求两个序列的线性卷积序列。

程序代码如下：

1. clear all
2. n1=0:20;
3. n2=0:10;
4. h=sinc(0.2*n1);
5. x=exp(-0.2*n2);
6. y=conv(x,h);
7.
8. h1=[hzeros(1,length(x-1)];
9. x1=[xzeros(1,length(h)-1)];
10. H1=fft(h1);
11. X1=fft(x1);
12. Y1=H1.*X1;

13. y1=iffy(Yl);

14.

14. subplot(2,1,1);stem(y);title(' 直接计算 ')

15. subplot(2,1,2);stem(yl);title('DFT 计算 ')

说明：第 4，5 行是产生两个信号序列，第 6 行是直接计算两个序列的线性卷积，第 8，9 行分别是对序列 $h(n)$ 和 $x(n)$ 补零，构成 $h'(n)$ 和 $x'(n)$，第 10，11 行分别是计算补零后序列的 DFT，第 12 行是计算线性卷积序列的 DFT 值，第 13 行是根据 DFT 值计算线性卷积序列，第 15，16 行是分别画出两种方法得到的结果。两种方法得到的结果是完全一样的。

有限序列的离散 Fourier 变换是学习信号处理的重要工具，限于篇幅，此处不能给出更多的例子，读者可以参考数字信号处理的相关书籍，利用 MATLAB 求解其中给出的习题，相信会大有收获。

第三节　带通信号的低通等效

许多携带数字信息的信号是由某种类型的载波调制方式发送的。传输信号的信道带宽限制在以载波为中心的一个频段上，如双边带调制。满足带宽远小于载波频率的信号与信道（系统）称为窄带带通信号与信道（系统）。通信系统发送端的调制产生带通信号，接收端的解调恢复数字信息，两者均包含频率转换。为了分析方便，最好将所有的带通信号与信道简化为等效低通信号与信道。这一节介绍带通信号与系统的等效低通表示。

一、解析信号与 Hilbert 变换

对于一个带通信号 $x(t)$，考虑构架如下信号，其中仅包含 $x(t)$ 的正频域部分，该信号可以表示为

$$X_+(f) = 2u(f)X(f)$$

式中，$X(f)$ 为 $x(t)$ 的 Fourier 变换，$u(f)$ 为单位阶跃函数。

等效时域表达式为

$$x_+(t) = \int_\infty^\infty X_+(f)e^{j2\pi ft}df = x(t) + j\frac{1}{\pi t}x(t)$$

信号 $x_+(t)$ 称为解析信号或 $x(t)$ 的预包络。

定义

$$\hat{x}(t) = \frac{1}{\pi t} x(t) = \frac{1}{\pi} \int_{-\infty}^{\infty} \frac{x(\tau)}{t-\tau} d\tau$$

信号 $\hat{x}(t)$ 可以看作一个滤波器在输入信号 $x(t)$ 激励下的输出，该滤波器的冲击响应为

$$h(t) = \frac{1}{\pi t} , \ -\infty < t < \infty$$

这样的滤波器称为 Hilbert 变换器，其频率响应为

$$H(f) = \int_{-\infty}^{\infty} h(t)e^{-j2\pi f t} dt = \begin{cases} -j, f > 0 \\ 0, f = 0 \\ j, f < 0 \end{cases}$$

可以看出，$|H(f)| = 1$，以及相位响应当 $f > 0$ 时为 $\Phi(f) = -\frac{1}{2}\pi$，而当 $f < 0$ 时，为 $\Phi(f) = \frac{1}{2}\pi$。因此，这种滤波器本质上是一个对输入信号所有频率的 90° 移相器。

MATLAB 中提供了 Hilbert 变换函数 Hilbert，它产生复序列 $x_+(t)$。$x_+(t)$ 的实部是原序列 $x(t)$，而它的虚部则是原序列的 Hilbert 变换。

例 15：信号 $x(t) = e^{-10|t-5|} \cos(2\pi \times 2t)$，$0 \le n \le 10$，试求：

（1）画出该信号和它的幅度谱。

（2）求该信号的解析信号，并画出解析信号幅度谱。

程序代码如下：

```
1. clear all
2. ts=0.01;
3. fs=1/ts;
4. t=0:ts:10;
5. df=fs/length(t);
6. f=-50:df:50-df;
7. x=exp(-10*abs(t-5)).*cos(2*pi*20*t);
8. X=fft(x)/fs;
9.
10. xa=hilbert(x);
11. Xa=fft(xa)/fs;
```

12. subplot(2,1,1);plot(t,x);title(' 信号 x');label(' 时间 t')

13. subplot(2,1,2);plot(f,fftshift(abs(X)));title(' 信号 x 幅度谱 ');label(' 频率 f')

14.

15. figure

16. subplot(2,1,1);plot(t,abs(xa));title(' 信号 xa 包络 ');label(' 时间 ')

17. subplot(2,1,2);plot(f,fftshift(abs(Xa)));title(' 信号 xa 幅度谱 ');label(' 频率 f')

因为该信号的载波频率为 20 Hz，所以选取采样时间间隔 t_s=0.01 s（第 2 行），对应的采样频率 f_s=1/t_s=100 Hz（第 3 行）。第 5 行是确定 DFT 的频率分辨率。第 6 行是生成频率矢量，它用在后面的画图中。第 7 行是生成信号。第 8 行是求信号的频谱，因为原始信号 $x(t)$ 是模拟信号，根据抽样定理，需要再计算出的 FFT 值后除以 f_s 才能得到原模拟信号的 Fourier 变换。第 10 行是求 $x(t)$ 的解析信号 $x_a(t)$。第 11 行是求 $x_a(t)$ 的频谱。第 12，13 行分别是画出信号 $x(t)$ 及它的幅度谱。第 16，17 行是画出 $x_a(t)$ 的包络（因为 $x_a(t)$ 是复数）及幅度谱。解析信号频谱中只包含正频率部分，且频谱幅度值是原始信号频谱幅度值的两倍。

二、带通信号的低通表示

由上小节分析可知，解析信号 $x_+(t)$ 虽然只包含正频率成分，但它仍然是带通信号。由 $X_+(f)$ 的频率转换，可以得到等效低通表达式。定义 $X_1(f)$ 为

$$X_1(f) = X_+(f + f_c)$$

等效时域关系式为

$$x_1(t) = x_+(t)e^{-j2\pi f_c t} = [x(t) + j\hat{x}(t)]e^{-j2\pi f_c t}$$

或等价为

$$x(t) = j\hat{x}(t) = x_1(t)e^{-j2\pi f_c t}$$

一般地，信号 $x_1(t)$ 是复信号，且可以表示为

$$x_1(t) = x_c(t) + jx_s(t)$$

若替换 $x_1(t)$，并使该式左右两边的实部和虚部相等，可以得到如下关系式，即

$$x(t) = x_c\cos2\pi f_c t - x_s\sin2\pi f_c t$$
$$\hat{x}(t) = x_c\sin2\pi f_c t + x_s\cos2\pi f_c t$$

上式是带通信号表示的期望形式。低频信号 $x_c(t)$ 和 $x_s(t)$ 可以看作分别施

加在载波分量 $\cos 2\pi f_c(t)$ 和 $\sin 2\pi f_c(t)$ 上的幅度调制信号。由于载波分量在相位上是正交的，因此，$x_c(t)$ 和 $x_s(t)$ 称为带通信号 $x(t)$ 的两个正交分量。其中，$x_c(t)$ 一般称为同相分量，$x_s(t)$ 称为正交分量。

上式中的信号的另一种表示为

$$x(t) = \mathrm{Re}\left\{[x_c + \mathrm{j}x_s]\mathrm{e}^{\mathrm{j}2\pi f_c t}\right\} = \mathrm{Re}\left\{x_1(t)\mathrm{e}^{\mathrm{j}2\pi f_c t}\right\}$$

式中，Re 表示其后括号中复质量的实部。低通信号冰（通常称为实信号冰）的复包络本质上是等效低通信号。

$x_1(t)$ 还可以表示为

$$x(t) = a(t)\mathrm{e}^{j\theta(t)}$$
$$a(t) = \sqrt{x_c^2(t) + x_s^2(t)};$$
$$\theta(t) = \arctan\frac{x_s^2(t)}{x_c^2(t)}$$

因此

$$\begin{cases} x_c(t) = a(t)\cos(\theta(t)) \\ x_s(t) = a(t)\sin(\theta(t)) \\ x(t) = \mathrm{Re}\left\{x_1(t)\mathrm{e}^{\mathrm{j}2\pi f_c t}\right\} = \mathrm{Re}\left\{a(t)\mathrm{e}^{\mathrm{j}(2\pi f_c t + \theta(t))}\right\} = a(t)\cos(2\pi f_c t + \theta(t)) \end{cases}$$

信号 $a(t)$ 称为 $x(t)$ 的包络，$\theta(t)$ 称为 $s(t)$ 的相位。因此，可称上述公式是带通信号的等价表达形式。

例 16：假设信号如例 15 所示，求解下列问题。

（1）假设 f_c =20 Hz，求 $x(t)$ 的低通等效，并画出它的幅度谱和同相分量。

（2）假设 f_c =10 Hz，求 $x(t)$ 的低通等效，并画出它的幅度谱和同相分量。

程序代码如下：

```
1. clear all
2. ts=0.01;
3. fs=1/ts;
4. t=0:ts:10;
5. df=fs/length(t);
6. f=-50:df:50-df;
7. x=exp(-10*abs(t-5)).*cos(2*pi*20*t);
8. xa=hilbert(x);
9.
```

10. fc1=20;

11. xl1=xa.*exp(–j*2*pi*fc1*t);

12. Xl1=fft(xl1)/fs;

13. subplot(2,1,1);plot(t,real(xl1));title('fc=20 Hz 时的低通信号同相分量 ');label(' 时间 t')

14. subplot(2,1,2);plata(f,fftshift(abs(Xl1)));title('fc=20 Hz 时的低通信号幅度谱 ');label (' 频率 f')

15.

16. fc2=10;

17. xl2=xa.*exp(–j*2*pi*fc2*t);

18. Xl2=fft(xl2)/fs;

19. figure

20. subplot(2,1,1);plot(t,real(xl2));title('fc=10Hz 时 的 低 通 信 号 同 相 分 量 ');label(' 时间 t')

21. subplot(2,1,2);plot(f,fftshift(abs(Xl2)));title('fc=10 Hz 时 的 低 通 信 号 幅 度 谱 ');label(' 频率 f')

第 2 ~ 8 行是产生信号的解析信号，同例 15 一样。第 11 行是求当 f_c=20 Hz 时的低通信号。第 12 行是求 f_c=20 Hz 时低通信号的频谱。第 13，14 行是分别画出 f_c=20 Hz 时低通信号的同相分量及幅度谱。第 16 ~ 21 行是求 f_c=10 Hz 时相应的结果。

幅度谱在 f_c =20 Hz 时是偶函数，因为

$$x(t) = \mathrm{Re}[e^{-10|t-5|}e^{j(2\pi \times 20t)}]$$

$$x(t) = \mathrm{Re}[x_1(t)e^{j2\pi f_c t}]$$

通过比较可得：

$$x_1(t) = e^{(-10|t-5|)}$$

这意味着在这种情况下，低通等效信号是一个实信号，因此 $x_c(t) = x_1(t)$，$x_s(t)$ =0。在 f_c =10 Hz 时，$x_1(t)$ 是一个复信号，可以看出同相分量与 f_c =20 Hz 时不相同。

第四节　随机信号分析

信号可以分为确定性信号与随机信号。通信系统中遇到的信号通常总带有某种随机性，如信源输出的信号、电子设备本身产生的热噪声电压等。通信过程中的随机信号和噪声均可归纳为依赖时间参数 t 的随机过程。这种过程的基本特征是，它是时间 t 的函数，但在任意时刻上观察到的值却是不确定的，是一个随机变量。这一节简单介绍一下随机信号分析。

一、平稳随机过程的相关函数与功率谱密度

在通信系统中所遇到的信号及噪声大多数均可视为平稳的随机过程。平稳随机过程即指它的任何 n 维分布函数或概率密度函数与时间起点无关。也就是说，随机过程 $X(t)$ 在任意一组时刻 $t_1 > t_2 > t_3 > \cdots > t_n$ 且 n 为任意值时得到的随机变量 X_{t_i}，$i = 1$，2，$\cdots$，n 的联合概率密度函数满足

$$p(x_{t_1}, x_{t_2}, \cdots, x_{t_n}) = p(x_{t_1+t}, x_{t_2+t}, \cdots, x_{t_n+t})$$

对所有 t 和 n 都成立时，该随机过程称为严平稳过程。其中，t 是任意时刻。

若平稳随机过程的数学期望及方差与 t 无关，自相关函数只与时间间隔 τ 有关，即

$$R(t_1, t_1 + \tau) = R(\tau)$$

这样的过程称为宽平稳过程。

平稳随机过程的功率谱密度定义为自相关函数的 Fourier 变换，即

$$S(f) = \int_{-\infty}^{\infty} R(\tau) e^{-j2\pi f \tau} d\tau$$

同样，一个平稳随机过程 $X(t)$ 的自相关函数可以由功率谱密度的 Fourier 逆变换得到，即

$$R(\tau) = \int_{-\infty}^{\infty} S(f) e^{j2\pi f \tau} df$$

正态随机过程又称高斯过程，是一种普遍存在和十分重要的随机过程。通信信道中的噪声通常是一种正态随机过程。正态随机过程的 n 维分布仅由各随机变量的数学期望、方差和两两之间的归一化协方差函数所决定。另外，如果高斯过程中的随机变量之间互不相关，则它们是统计独立的。

对通信系统中的热噪声进行建模的时候，往往假设这样的噪声是白色高斯随机过程，即其功率谱密度 $S(f)$ 对全部 f 是一个常数。热噪声的功率谱密度一般由 $S(f) = N_0/2$ 给出，其自相关函数 $R(\tau) = \dfrac{N_0}{2}\delta(\tau)$，其中 $\delta(\tau)$ 为单位冲激函数。因此，$\tau = 0$ 时，$R(\tau) = 0$。就是说，对一个白色高斯随机过程任意两个时间点上进行采样，所得的随机变量一定是不相关的，因而也是统计独立的高斯随机变量。

例 17：产生 100 个 N=2000 的独立同分布的均值为 0，方差为 1 的高斯分布随机数的离散时间序列，计算序列的自相关估值和功率谱密度的平均值。

程序代码如下：

1. clear all

2. N1=2000;

3. N2=100;

4. x=rand(N2,N1);

5. for Ii=1:N2

6. [Rx(Ii,:),lags]=corr(x(Ii,:),50,'coeff');

7. Sf(Ii,:)=fftshift(abs(fft(Rx(Ii,:))));

8. end

9. Rx_av=sum(Rx)/N2;

10. Sf_av=sum(Sf)/N2;

11. subplot(2,1,1);plot(lags,Rx_av);title(' 自相关函数 ')

12. subplot (2,1,2) ;plot (lags,Sf_av);title(' 功率谱密度 ')

13. axis([-50 50 0 2])

程序第 4 行是产生 100 行 2000 列的高斯分布随机数，其均值为 0，方差为 1。每 1 行代表一个离散时间序列。第 5 ~ 8 行是依次计算每一行的自相关函数估值和功率谱密度估值。corr 是 MATLAB 提供的用来计算自相关值的函数。第 1 个参数是用来计算自相关值的序列，第 2 个参数是指定计算自相关值的最大时间偏移。在此指定了 50，因此计算出自相关值时间偏移是从 R(-50) 到 R(50)。第 9，10 行分别是把计算出的自相关估值和功率谱密度估值进行平均，以得到较为平滑的结果。第 11 ~ 13 行是画出所求得的结果。可以看出，所得的自相关函数及功率谱密度估值同理论分析基本一致。

二、带通随机过程

若随机过程的功率谱在某中心频率 $\pm f_0$ 附近的一个频带内有值，而在该频带之外功率谱密度为 0，就称这个随机过程是带通过程，若通带 $B \ll f_0$，则称该过程是一个窄带过程。

例 18：已知一噪声的自相关函数为 $R(\tau) = \mathrm{sinc}(2B\tau)\cos(2\pi f_0 \tau)$，其中，$B = 20$，$f_0 = 100$，试求该随机过程的功率谱密度。

程序代码如下：

```
1. clear all
2. ts=0.002;
3. tao=-1:ts:1;
4. B=20;
5. f0=100;
6. R=sinc(2*B*tao).*cos(2*pi*f0*tao);
7.
8. fs=1/ts;
9. df=fs/length(tao);
10. f=-fs/2:df:fs/2-df;
11. S=fft(R)/fs;
12. subplot(2,1,1);plot(tao,R);title(' 自相关函数 ');label('tao');label('R')
13. subplot(2,1,2);plot(f,ffishift(abs(S)));title(' 功率谱密度 ');label('f');label('S')
```

因为本例中自相关函数是连续函数，在计算时需要对其进行抽样，所以程序第 2 行是设定抽样间隔。同时，在 $|\tau| > 1$ 时，自相关函数的值已经很小，所以第 3 行设定 τ 的范围是 [-1，1]，并生成对应的矢量序列，第 6 行是计算自相关函数的值，第 8 行是计算抽样频率，第 9 行是计算频率分辨率，第 10 行是生成频率矢量，在后面的画图中要用到，第 11 行是计算功率谱密度，第 12，13 行分别是画出自相关函数值和功率谱密度值。可以看出，该随机过程的功率谱密度在中心频率 $\pm 100\,\mathrm{Hz}$、带宽 $40\,\mathrm{Hz}$ 的范围内有值，而在此频带之外，功率谱密度为 0，所以此随机过程为带通随机过程。

三、随机过程通过线性系统

假设一个平稳随机过程 $X(t)$ 通过某个线性时不变滤波器 $h(t)$，则该线性滤

波器的输出 $Y(t)$ 是随机过程，即

$$Y(t) = \int_{-\infty}^{\infty} X(\tau)h(t-\tau)\mathrm{d}\tau$$

输出过程 $Y(t)$ 的功率谱密度与输入过程 $X(t)$ 的功率谱密度和该线性滤波器的频率响应间的关系为

$$S_y(f) = S_x(f)\left|H(f)\right|^2$$

例 19：考虑一个白噪声序列 X_n 通过一个滤波器产生的序列，滤波器的脉冲响应为

$$h(n) = \begin{cases} 0.6^n, & n \geqslant 0 \\ 0, & n < 0 \end{cases}$$

输入序列是均值为 0，方差为 1 的高斯分布随机变量的一个独立同分布序列，求输出过程的自相关函数和功率谱密度。

程序代码如下：

1. Clear all

2. N1=2000;

3. N2=100;

4. x=rand(N2,N1);

5. for Ii=1:N2

6. y(Ii,1)=x(Ii,1);

7. for jj=2:N1

8. y(Ii,jj)=0.6*y(Ii,jj–1)+x(Ii,jj);

9. end

10. [Ry(Ii,:),lags]=corr(y(Ii,:),50,'coeff');

11. Sf(Ii,:)=fftshift(abs(fft(Ry(Ii,:))));

12. end

13. Ry_av=sum(Ry)/N2;

14. Sf_av=sum(Sf)/N2;

15. subplot(2,1,1);plot(lags,Ry_av);title(' 自相关函数 ')

16. subplot(2,1,2);plot(lags,Sf_av);title(' 功率谱密度 ')

程序的第 1 ~ 4 行与例 17 相同。由滤波器的脉冲响应，可以知道该滤波器的输入 / 输出递推方程可以表示为 $y(n)=0.6y(n-1)+x(n)$，$n \geqslant 1$，$y(-1)=0$，因此程序的第 6 ~ 9 行是计算输入序列通过滤波器后的输出序列。第 10 行是计算

输出序列的自相关函数。第 11 行是计算输出序列的功率谱密度。第 13，14 行分别是把计算出的输出序列的自相关函数和功率谱密度进行平均。第 15，16 行是画出计算得到的结果。

小结

本章简要介绍了用 MATLAB 进行通信信号与系统分析的方法，包括离散信号和系统的分析、连续时间信号的 Fourier 分析、离散时间信号的 Fourier 变换，以及数字信号处理中比较重要的离散 Fourier 变换，随后介绍了带通信号分析与随机信号分析的方法，给出了大量的分析示例，并对示例进行了说明。限于篇幅，无法给出更多的示例，读者可以参考相关书籍，自己尝试用 MATLAB 求解其中给出的问题，以进一步掌握用 MATLAB 进行信号与系统分析的基本方法。

第三章 数字基带传输

第一节 概述

数字基带传输系统的基本结构如图 3-1 所示。它主要由信道信号形成器、信道、接收滤波器和抽样判决器组成。为了保证系统可靠有序地工作，还应有同步系统。

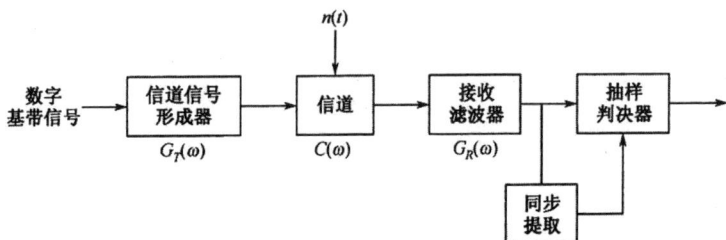

图 3-1 数字基带传输系统

图 3-1 中各部分的作用简述如下。

一、信道信号形成器

基带传输系统的输入是由终端设备或编码器产生的脉冲序列，它往往不适合直接送到信道中传输。信道信号形成器的作用就是把原始基带信号变换成适合信道传输的基带信号，这种变换主要是通过码型变换和波形变换来实现的，其目的是与信道匹配，便于传输，减小码间串扰，利于同步提取和抽样判决。

二、信道

它是允许基带信号通过的媒质，通常为有线信道，如市话电缆、架空明线等。信道的传输特性通常不满足无失真传输条件，甚至是随机变化的。另外，信道还会进入噪声。在通信系统的分析中，常常把噪声 $n(t)$ 等效，集中在信道中引入。

三、接收滤波器

它的主要作用是滤除带外噪声，对信道特性均衡，使输出的基带波形有利于抽样判决。

四、抽样判决器

它是在传输特性不理想及噪声条件下，在规定时刻（由位定时脉冲控制）对接收滤波器的输出波形进行抽样判决，以恢复或再生基带信号。而用来抽样的位定时脉冲则依靠同步提取电路从接收信号中提取，位定时的准确与否将直接影响判决效果。

首先，讨论理想情况下的数字基带传输，假设信道除了引入噪声外，不会对传输信号造成其他影响。

第二节　二进制基带信号传输

在二进制基带通信系统中，由 0 和 1 的序列组成的二进制数据分别用 $s_0(t)$ 和 $s_1(t)$ 来传输。假设信息速率为 R (bit/s)，每个比特就按照如下规则影射为对应的信号波形，即

$$\begin{cases} 0 \to s_0(t), 0 \leq t \leq T_b \\ 1 \to s_1(t), 0 \leq t \leq T_b \end{cases}$$

式中，$T_b = 1/R$ 定义为比特时间区间。

假设数据比特流中的 0 和 1 是等概率的，而且是相互统计独立的。

传输信号通过加性高斯白噪声信道 (AWGN)，叠加了噪声 $n(t)$。$n(t)$ 是功率谱密度为 $\dfrac{N_0}{2}$ (W/Hz) 的白色高斯随机过程的一个样本函数。接收端的信号可以表示为

$$r(t) = s_i(t) + n(t), i = 0,1; 0 \leq t \leq T_b$$

接收端在接收到信号 $r(t)$ 后，判断在区间 $0 \leq t \leq T_b$ 内发送的是 0 还是 1。接收机总要设计为使差错概率最小。这样的接收机称为最佳接收机。

一、二进制基带信号的最佳接收

对于 AWGN 信道的最佳接收机，接收滤波器应该是信号相关器或匹配滤波器。信号相关器和匹配滤波器在采样瞬时 $t=T_b$ 输出是一样的，因此下面只以相关器为例进行分析，对匹配滤波器的分析，读者可以参阅其他数字通信的书籍。

信号相关器将接收到的信号 $r(t)$ 与两个可能的发送信号 $s_0(t)$ 和 $s_1(t)$ 做互相关，如图 3-2 所示。

相关器计算在区间 $0 \leqslant t \leqslant T_b$ 内的两个输出，即

$$\begin{cases} r_0(t) = \int_0^t r(\tau)s_0(\tau)\mathrm{d}\tau \\ r_1(t) = \int_0^t r(\tau)s_1(\tau)\mathrm{d}\tau \end{cases}$$

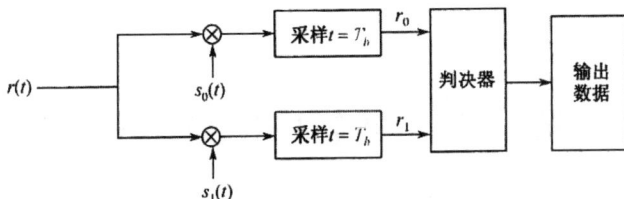

图 3-2 接收信号与发送信号的互相关

在 $t = T_b$ 时对这两个输出采样，并将已采样输出送给判决器，经判决器判决后输出数据。假设 $s_0(t)$ 是已发送信号，在采样瞬时 $t = T_b$ 的输出 r_0 和 r_1 分别为

$$r_0 = \int_0^{T_b} r(\tau)\mathrm{d}\tau = \int_0^{T_b} s_0^2(\tau)d\tau + \int_0^{T_b} n(\tau)s_0(\tau)d\tau = E_b + n_0$$

$$r_1 = \int_0^t r(\tau)s_1(\tau)d\tau = \int_0^{T_b} s_0(\tau)s_1(\tau)d\tau + \int_0^{T_b} n(\tau)s_1(\tau)d\tau$$

$$= \int_0^{T_b} s_0(\tau)s_1(\tau)d\tau + n_1$$

式中，n_0 和 n_1 为信号相关器输出端的噪声分量；E_b 为脉冲信号 $s_0(t)$ 的能量（在本例中，它等于比特能量）。

若 $s_0(t)$ 和 $s_1(t)$ 是正交的，即 $\int_0^{T_b} s_0(\tau)s_1(\tau)\mathrm{d}\tau = 0$，则 $r_1 = n_1$。同理，当 $s_1(t)$ 是已发送信号，在采样瞬时 $t = T_b$ 的输出 $r_1 = E_b + n_1$ 而 $r_0 = n_0$。

因为，$n(t)$ 是功率谱为 $\dfrac{N_0}{2}$ 的白色高斯随机过程的一个样本函数，所以，

噪声分量 n_0 和 n_1 是零均值高斯型的，即

$$\begin{cases} E(n_0) = \int_0^{T_b} s_0(\tau) E[n(\tau)] d\tau = 0 \\ E(n_1) = \int_0^{T_b} s_1(\tau) E[n(\tau)] d\tau = 0 \end{cases}$$

方差 σ_1^2，$i = 0$，1 的表达式为

$$\begin{aligned} \sigma_i^2 = E(n_i^2) &= \int_0^{T_b} \int_0^{T_b} s_i(t) s_i(\tau) E[n(t)n(\tau)] dt d\tau \\ &= \frac{N_0}{2} \int_0^{T_b} \int_0^{T_b} s_i(t) s_i(\tau) \delta(t - \tau) dt d\tau \\ &= \frac{N_0}{2} \int_0^{T_b} s_i^2(\tau)(t) dt \\ &= \frac{E_b N_0}{2} \end{aligned}$$

因此，当 $s_0(t)$ 是已发送信号时，r_0 是均值为 E_b、方差为 $\dfrac{E_b N_0}{2}$ 的高斯随机变量，r_1 是均值为 0、方差为 $\dfrac{E_b N_0}{2}$ 的高斯随机变量。而当 $s_1(t)$ 是已发送信号时，r_0 是均值为 0、方差为乘方的高斯随机变量，r_1 是均值为 E_b、方差为 $\dfrac{E_b N_0}{2}$ 的高斯随机变量。

在得到 $t = T_b$ 时信号相关器的抽样值 r_0 和 r_1 后，判决器根据判决规则判断所发送的信号是 $s_0(t)$ 还是 $s_1(t)$，分别相应于传输的是比特 0 或 1。最佳判决器就是使差错概率最小的判决器。

二、正交信号在 AWGN 信道下的传输性能

考虑 $s_0(t)$ 和 $s_1(t)$ 是正交信号时情形，得

$$\begin{cases} s_0(t) = 1, 0 \leqslant t \leqslant T_b \\ s_1(t) = \begin{cases} 1, 0 \leqslant t \leqslant T_b / 2 \\ -1, T_b / 2 \leqslant t \leqslant T_b \end{cases} \end{cases}$$

就是一对正交信号。判决器将比较 r_0 和 r_1，并按如下规则判决：当 $r_0 > r_1$ 时，传输的是 0；当 $r_0 < r_1$ 时，传输的是 1。

当 $s_0(t)$ 是发送信号时，差错概率为

$$P_e = P(r_0 < r_1) = P(E_b + n_0 < n_1) = P(n_1 - n_0 > E_b)$$

因为，n_0 和 n_1 是零均值高斯随机变量，它们的差 $w = n_1 - n_0$ 也是零均值

高斯随机变量，方差为

$$E(w^2) = E\left[(n_1 - n_0)^2\right] = E(n_1^2) + E(n_0^2) - 2E(n_1 n_0)$$

因为 $s_0(t)$ 和 $s_1(t)$ 是正交的，所以，E（$n_1 n_0$）$=0$，得

$$E\left(w^2\right) = 2\frac{E_b N_0}{2} = E_b N_0$$

所以，差错概率为

$$P_e = \frac{1}{\sqrt{2\pi\sigma_w^2}}\int_{E_b}^{\infty} e^{-\frac{x}{\sqrt{2\sigma_w^2}}} dx = \frac{1}{\sqrt{2\pi}}\int_{\sqrt{E_b/N_0}}^{\infty} e^{-\frac{x^2}{2}} dx = Q\left(\sqrt{\frac{E_b}{N_0}}\right)$$

其中，比值 $\dfrac{E_b}{N_0}$ 称为信噪比。

当 $s_1(t)$ 是发送信号时，差错概率与发送 $s_0(t)$ 时相同；当发送的 0 和 1 等概率时，平均差错概率等于上式差错概率的计算值。

例 1：仿真二进制正交信号通过 AWGN 信道后的误比特率性能。每个信号周期取样 10 次，接收端采用相关器，画出误比特率随 E_b/N_0 的变化情况，E_b/N_0 的范围是 0 ~ 12dB，并与理论值进行比较。

程序代码如下：

```
1.  clear all
2.  samp=10;                        % 每个脉冲信号的抽样点数
3.
4.  s0=ones(1,samp);                % 基带脉冲信号
5.  s1=[ones(1,samp/2)−ones(1,samp/2)j];
6.  symbol=100000;                  % 每种信噪比下的发送符号数
7.
8.  EbN0=0:12;                      % 信噪比 ,E/N0
9.  msg=ranaint(1,symbol);          % 消息比持
10. s00=zeros(symbol,1);
11. s11=zeros(symbol,1);
12. indd=find(msg==0);              % 比特 0 在发送消息中的位置
13. s00(indd)=1;
14. s00=s00*s0;                     % 比特 0 影射为发送波形 s0
15. indd1=find(msg==1);             % 比特 1 在发送消息中的位置
```

16.　s11(indd1)=1;

17.　s11=s11*s1;　　　　　　　　% 比特 1 映射为发送波形 s1

18.　s=s00+s11;　　　　　　　　% 总的发送波形

19.　s=s.';　　　　　　　　　　% 数据转置，方便接收端处理

20.

21.　for indd=1:length(EbN0)

22.　decmsg=zeros(1,symbol);

23.　r=awn(s,EbN0(indd)−7);　　% 发送信号通过 AWGN 信道

24.　r00=s0*r;　　　　　　　　% 与 s0 相关

25.　r11=s1*r;　　　　　　　　% 与 s1 相关

26.　indd1=find(r11 > =r00);

27.　decmsg(indd1)=1;　　　　　% 判决

28.　[err,ber(indd)]=biter(msg,decmsg);

29.　end

30.　semilog(EbN0,ber,'-ko',EbN0,qfunc(sqrt(10.^(EbN0/10))));

31.　title(' 二进制正交信号误比特率性能 ')

32.　label('EbN0');label(' 误比特率 Pe')

33.　legend(' 仿真结果 ',' 理论结果 ')

程序的第 4，5 行分别定义了基带脉冲信号波形 $s_0(t)$ 和 $s_1(t)$，第 9 行是产生消息比特，第 10 ~ 17 行分别是把比特 0 和 1 映射为发送波形 $s_0(t)$ 和 $s_1(t)$，第 18 行是得到总的发送波形。第 23 行是把发送信号通过 AWGN 信道，需要注意的是，awn 的第 2 个参数是信号功率与噪声功率的比值 (SNR)，而题目中给出的是 $\dfrac{E_b}{N_0}$，二者需要换算。因为

$$\mathrm{SNR}=E_b R_b \left/ \left(\frac{N_0}{2} B\right)\right.$$

式中，R_b 为每秒传输的比特数，本例中假设为 1；B 为噪声带宽，它等于取样频率，本例中取样频率为 10，因此，$\mathrm{SNR}=\dfrac{1}{5}\dfrac{E_b}{N_0}$，转换成 dB 形式为 $\mathrm{SNR(dB)}=E_b / N_0 -7(\mathrm{dB})$。

第 24，25 行是接收信号分别与 $s_0(t)$ 和 $s_1(t)$ 做互相关，第 26，27 行是根据相关值结果进行最佳判决，第 28 行是得到误比特率。第 30 ~ 33 行是画出仿真结果和理论推导得到的误比特率结果。

可以看出，仿真结果与差错概率公式给出的理论值 P_e 非常吻合。还应该注

意到 symbol=100000 个数据比特的仿真能够可靠地估计出差错概率在 P_e =10^{-4} 以下；换句话说，用 symbol=100 000 个数据比特，在对 P_e 的可靠估计下应该至少有 10 个差错。

以上从波形级仿真的角度给出了二进制正交信号基带通信系统在 AWGN 信道下的性能。这种方法需要仿真的数据量较大，仿真时间较长，还受发送信号波形的影响。还可以换一种思路，直接以相关器的输出，检测器的输入作为考察的对象。根据前面的分析，两个相关器的输出分别是两个高斯随机变量，可以根据信源比特产生相应的相关器的输出，然后根据判决器输出与二进制发送序列进行比较而得出相应的比特差错数。这种方法可以不用考虑发送信号波形的影响，只要满足正交的条件即可。

例 2：用检测器的输入作为考察对象，重新仿真例 1。

程序代码如下：

```
1.   clear all
2.
3.   symbol=100000;              % 发送符号数
4.   EbN0=0:12;                  % 信噪比
5.   msg=randint(1,symbol); % 消息数据
6.   E=1;                        % 比特能量
7.   r0=zeros(1,nsvmbol);
8.   r1=zeros(1,nsvmbol);
9.   indd=rind(msg==0);
10.  r0(indd)=E;                 % 相关器的均值
11.  indd1=find(msg==1);
12.  r1(indd1)=E;
13.
14.  for indd=1:length(EbN0)
15.  dec=zeros(1,length(msg));.
16.  snr=10.^(EbN0(indd)/10);    %dB 转换为线性值
17.  sigma=1/(2*snr);            % 噪声方差
18.  r00=r0+sqrt(sigma)*rand(1,length(msg));       % 相关器的输出
19.  r11=r1+sqrt(sigma)*rand(1,length(msg));
20.  indd1=find(r11 > =r00);     % 判决
```

21.　　dec(inddl)=1;

22.　　[err,ber(indd)]=biter(msg,dec);

23.　　end

24.　　semilog(EbN0,ber,'–ko',EbN0,qfunc(sqrt(10.^(EbN0/10))));

25.　　title(' 二进制正交信号误比特率性能 ')

26.　　label('EbN0');label(' 误比特率 Pe')

27.　　legend(' 仿真结果 ',' 理论结果 ')

说明：程序的第 9 ~ 12 行分别是根据消息比特设置相应抽样时刻相关器的均值，第 18，19 行是在相关器的均值上叠加加性高斯噪声分量 n_0 和 n_1，它们的均值是 0，方差是 $\dfrac{E_b N_0}{2}$。为了方便，把信号能量 E_b 归一化到 1（第 6 行），这样 $E_b / N_0 =1/（2\sigma^2）$，根据 E_b / N_0 的不同，相应地改变高斯噪声的方差，然后进行判决（第 20，21 行），最后得到相应的误比特率（第 22 行）。第 24 ~ 27 行是画出仿真结果和理论推导得到的误比特率结果。

可以看出，仿真结果与差错概率公式给出的理论值 P 也非常吻合。

下面介绍通过 Simulink 仿真二进制正交基带信号通过 AWGN 信道传输的性能。

例 3：用 Simulink 重新仿真例 1。

在该系统模型中，主要包含以下模块：

（1）随机整数产生器模块 (Random Integer Generator)，用它来产生消息比特，它的参数设置为 M-ary number 设为 2，Initial seed 设为 1234，Sample time 设为 1，Fram-based outputs。

（2）关系比较模块 (Relational Operator, Relational Operator1)，它位于 "Simulink" → "Commonly Used Blocks" 模块库中。该模块用来判断消息比特是 0 还是 1。它的参数设置中，Relational Operator 要设为 ==。

（3）常数模块 (Constant、Constant1 ~ Constant5)，它位于 "Simulink" → "Commonly Used Blocks" 模块库中。Constant, Constant1 分别设为 0 和 1，Constant2, Constant4 设为 [1 1 1 1 1 1 1 1 1 1]，代表 $s_0(t)$，Constant3, Constant5 设为 [1 1 1 1 1–1–1–1–1–1] 代表 $s_1(t)$。Constant2 和 Constant3 的 Sample time 要设为 0.1。

（4）Goto 模块 (Goto) 和 From 模块 (From)。在两个模块间隔较远时，为了使模型比较清晰，可以使用 Goto 模块和 From 模块代替模块之间的连接线。位于 "Simulink" → "Signal Routing" 模块库中。Goto 模块和 From 模块的 Tag 参数设为 msg，表示它们是配对信号。

（5）乘法器模块 (Porduct, Product1 ~ Product3)，在发送端产生 $s_0(t)$ 和 $s_1(t)$，在接收端则与 $s_0(t)$ 和 $s_1(t)$ 进行相关运算。

（6）AWGN 信道模块，用来对发送信号叠加高斯白噪声。在它的参数设置中，Initial seed 设为 345，Mode 设为 E_b / N_0，E_b / N_0 (dB) 设为 SNR，表示将通过工作区变量 SNR 传递参数给它。其他参数采用默认值。

（7）累加器模块 (Cumulative Sum、Cumulative Sum1) 位于 "Simulink" → "Signal Processing Blockset" → "Math Functions" → "Math Operations" 模块中。与乘法器 Product2, Product3 一起完成相关运算。它们的参数 Sum input along 设置为 Rows。

（8）选择器模块 (Selector, Selector1) 在累加器完成相关值运算后，把相关结果从累加器中取出。它位于 "Simulink" → "Signal Routing" 模块库中。在它的参数设置中 Element 设为 [10]，Input port width 设为 10。

（9）关系操作模块 (Relational Operator2) 用来对相关器的输出进行判决，它的 Relational Operator 设为 ≤。

（10）数据类型转换模块 (Data Type Conversion)，用来将 Relational Operator2 的判决结果转换为 double，以便与后面的误比特率统计模块的输入相匹配。它的参数设置中，Output data type mode 要设为 double。

（11）误比特率统计模块 (BER Calculation)，对发送比特和解调比特进行比较，计算误比特率。它的参数设置采用默认值即可。

所有模块的参数设置完成后，把仿真时间设为 100 000。

由于程序需要运行多次才能够得到信噪比与误比特率之间的关系，为此需编写如下的脚本程序：

```
1.   clcar all
2.   EbN0=0:12 %SNR 的范围
3.
4.   for Ii=1:length(EbN0)
5.     SNR=EbN0(Ii);                % 赋值给 AWGN 信道模块中的 SNR
6.     sim('ex3');                  % 运行仿真模型
7.     ber(Ii)=BER(1);              % 保存本次仿真得到的 BER
8.   end
9.   figure
10.    semilog(EbN0,ber'-ko',EbN0,qfunc(sqrt(10.^(EbN0/10))));
```

11. title(' 二进制正交信号误比特率性能 ')
12. label('EbN(y);label(' 误比特率 Pe')
13. legend(' 仿真结果 ',' 理论结果 ')

程序的第 2 行是设定仿真中的 SNR 范围，第 5 行是给 AWGN 信道模块中的 SNR 赋值，第 6 行是运行前面编写的 Simulink 仿真模型，第 7，8 行是保存本次仿真得到的 BER，第 10 ~ 13 行是画出仿真结果和理论推导得到的误比特率结果。可以看出，仿真结果与理论值吻合。

以上讨论了 $s_0(t)$ 和 $s_1(t)$ 是正交信号时在 AWGN 信道的传输性能，下面讨论一下 $s_0(t)$ 和 $s_1(t)$ 是双极性信号时的性能。

三、双极性信号在 AWGN 信道下的传输性能

在 $s_0(t)$ 和 $s_1(t)$ 是双极性信号时，有 $s_1(t) = -s_0(t)$。此时，接收端只需要一个相关器即可。假设相关器与 $s_0(t)$ 做互相关。当发送的是 $s_0(t)$ 时，相关器的输出为 $r = E_b + n$，当发送的是 $s_1(t)$ 时，相关器的输出为 $r = -E_b + n$，噪声分量 n 的方差 $\sigma = \dfrac{E_b N_0}{2}$，最佳判决器与阈值 0 相比较，若 $r > 0$，则判决 $s_0(t)$ 被发送，若 $r < 0$，则判决 $s_1(t)$ 被发送。

误比特率推导结果为

$$P_e = Q\left(\sqrt{\frac{2E_b}{N_0}}\right)$$

例 4：仿真双极性信号通过 AWGN 信道后的误比特率性能。发送信号 $s_0(t)$ 与例 1 相同，每个信号周期取样 10 次，接收端采用相关器，画出误比特率随 E_b/N_0 的变化情况，E_b/N_0 的范围是 0 ~ 10dB，并与理论值和正交信号误比特率理论值进行比较。

程序代码如下：

```
1.  clear all
2.  samp=10;                    % 每个脉冲信号的抽样点数
3.
4.  s0=ones(1,samp);            % 基带脉冲信号
5.  s1=-s0;
6.
7.  symbol=100000;              % 每种信噪比下的发送符号数
```

```
8.
9.   EbN0=0:10;                        % 信噪比 ,Eb/N0
10.  msg=ranaint(1,symbol);           % 消息数据
11.  s00=zeros(symbol,1);
12.  s11=zeros(symbol,1);
13.  indd=find(msg==0);               % 比特 0 在发送消息中的位置
14.  s00(indd)=1;
15.  s00=s00*s0;                      % 比特 0 影射为发送波形 s0
16.  indd1=find(msg==1);              % 比特 1 在发送消息中的位置
17.  s11(indd1)=1;
18.  s11=s11*s1;                      % 比特 1 映射为发送波形 s1
19.  s=s00+s11;                       % 总的发送波形
20.  s=s.';                           % 数据转置 , 方便接收端处理
21.
22.  for indd=1:length(EbN0)
23.  decmsg=zeros(1,symbol);
24.  r=awn(s,EbN0(indd)−7);           % 通过 AWGN 信道
25.  r00=s0*r;                        % 与 s0 相关
26.  indd1=find(r00 < 0);
27.  decmsg(indd1)=1;                 % 判决
28.  [err,ber(indd)]=biter(msg,decmsg);
29.  end
30.  semilog(EbN0,ber,'−ko',EbN0,qfunc(sqrt(10.^(EbN0/10))),'−k*',EbN0,qun
c(art(2*10.^(EbN0/10))));
31.  title(' 双极性信号误比特率性能 ')
32.  label('EbN0');label(' 误比特率 Pe')
33.  legend(' 仿真结果 ',' 正交信号误理论误比特率 ',' 双极性信号误理论误
比特率 ')
```

程序与例 1 类似，不同的是在接收端仅与 s_0 进行相关（25 行）。

由程序运行结果可以看出，对同样的发送信号能量 E_b，双极性信号具有更好的性能。换句话说，在相同的性能（相同差错概率下），双极性信号只需要使用正交信号一半的能量，所以，双极性信号比正交信号在效率上高出 3dB。同例 1，对于 100 000 个比特，仿真估计的 P_e 在 HT4 以下估计不太准确。

例 4 也可以直接采用检测器输入作为仿真对象进行仿真，这里就不再给出。下面给出使用 Simulink 仿真双极性基带信号通过 AWGN 信道传输的性能。

例 5：用 Simulink 重新仿真例 4。

只采用了一个相关器与 $s_0(t)$ 相关，最后的判决器与 0 进行比较。仿真时间同样设为 100 000。由于程序需要运行多次才能够得到信噪比与误比特率之间的关系，为此需编写如下的脚本程序：

```
1.  clear all
2.  EbN0=0:10;                        %SNR 的范围
3.
4.  for Ii=1:length(EbNO)
5.  SNR=EbN(XIi);                     % 赋值给 AWGN 信道模块中的 SNR
6.  sim('ex5');                        % 运行仿真模型
7.  ber(Ii > =BER(1);                  % 保存本次仿真得到的 BER
8.  end
9.  semilog(EbN0,ber,'-ko',EbN0,qfunc(sqrt(10.^(EbN0/10))),'-k*',EbN0,qfunc
(sqrt(2*10.^(EbN0/10))))
10. title(' 双极性信号误比特率性能 ')
11. labe('EbN0');label(' 误比特率 Pe')
12. legend(' 仿真结果 ',' 正交信号误理论误比特率 ',' 双极性信号误理论误
比特率 ')
```

代码同例 3 类似，就不再说明。从程序运行结果可以看出，仿真结果与理论值吻合。

四、单极性信号在 AWGN 信道下的传输性能

二进制序列也可以用单极性信号来传送。若信息比特为 0，则不传送任何信号；若信息比特是 1，则发送信号波形 $s(t)$。因此，接收到的信号波形可以表示为

$$r(t) = \begin{cases} n(t), & \text{发送比特 0} \\ s(t)+n(t), & \text{发送比特 1} \end{cases}$$

与双极性信号一样，最佳接收机由一个相关器或匹配滤波器，一个判决器组成。它将相关器的采样输出与阈值 $E_b/2$ 进行比较，其中，E_b 是信号波形 $s(t)$ 的能量。若 $r > E_b/2$，则判决比特 1 被发送，若 $r < E_b/2$，则判决比特 0 被发送。

理论误比特率为

$$P_e = Q\left(\sqrt{\frac{E_b}{2N_0}}\right)$$

例 6：仿真单极性信号通过 AWGN 信道后的误比特率性能。发送比特为 1 时，发送信号与例 1 中的 $s_0(t)$ 相同，每个信号周期取样 10 次，接收端采用相关器，画出误比特率随 E_b / N_0 的变化情况，E_b / N_0 =0 ~ 10dB，并与理论值和正交信号以及双极性信号误比特率理论值进行比较。

程序代码如下：

```
1.   clear all
2.   samp=10;                          % 每个脉冲信号的抽样点数
3.   s0=zeros(1,samp);                 % 基带脉冲信号
4.   s1=ones(1,samp);
5.
6.
7.   symbol=100000;                    % 每种信噪比下的发送符号数
8.
9.   EbN0=0:10;                        % 信噪比 ,Eb/N0
10.  msg=randint(1,symbol);% 消息数据
11.  s00=zeros(symbol,1);
12.  s11=zeros(symbol,1);
13.  indd=find(msg==0);                % 比特 0 在发送消息中的位置
14.  s00(indd)=1;
15.  s00=s00*s0;                       % 比特 0 影射为发送波形 s0
16.  indd1=find(msg==1);               % 比特 1 在发送消息中的位置
17.  s11(indd1)=1;
18.  s11=s11*s1;                       % 比特 1 映射为发送波形 s1
19.  s=s00+s11;                        % 总的发送波形
20.  S=S.';                            % 数据转置 , 方便接收端处理
21.
22.  forindd=1:length(EbN0)
23.  decmsg=zeros(1,nsvmbol);
24.  n=awn(s,EbN0(indd)-7);            % 通过 AWGN 信道
```

25.　100=s1*r;　　　　　　　　　　% 与 s1 相关

26.　indd1=find(r00 > 5);

27.　decmsg(indd1)=1;　　　　　　% 判决

28.　[err,ber(indd)]=biter(msg,decmsg);

29.　end

30.　semilog(Ember,'-ko',EbN0,qfunc(sqrt(10.^(EbN0/10)/2)）),EbN0,qfunc(sqrt(10.^(EbN0/10)))'-*EbN0,qfunc(sqit(2*10.^(EbN0/10)))）;

31.　title(' 单极性信号在 AWGN 信道下的误比特率性能 ')

32.　label('Eb/N0');label(' 误比特率 Pe')

33.　legend(' 单极性信号仿真结果 ',' 单极性信号误理论误比特率 ',' 正交信号理论误比特率 ',' 双极性信号误理论误比特率 ')

程序代码与例 4 类似，不过这里把 $s_0(t)$ 设为全 0(第 4 行)，在最后判决时，需要注意的是，因为，对相关的结果没有归一化，所以，比较的阈值应该是 5(第 26 行)，其他代码说明请参考注释。

由程序运行结果可以看出，使用单极性信号时的误比特率性能不如双极性信号的好。与双极性信号似乎相差 6dB，与正交信号相差 3dB。但是，需要注意的是，使用单极性信号，其平均发送的能量比双极性信号和正交信号要少 3dB。因此，单极性信号与正交信号性能是相同的，与双极性信号相差 3dB。

单极性信号的 Simulink 仿真与双极性信号是类似的，在最后判决时，判决门限不再是 0。此处就不再给出 Simulink 的仿真例子，请读者自行完成。

第三节　基带 PAM 信号传输

在上一节中，讨论了二进制基带信号传输在 AWGN 信道下的性能。在二进制信号波形的情况下，每个信号波形仅传输一个比特信息，效率相对较低。这一节讨论采用多个幅度电平的信号波形（基带 PAM) 进行传输的情形，在这种情况下，每个信号波形可以传输多个比特信息。

一、基带 4-PAM 的信号波形

考虑一组信号波形形式为

$$s_m(t) = A_m g(t), 0 \leqslant t \leqslant T, \ m = 0,1,2,3$$

式中，A_m 为第 m 个波形的幅度；$g(t)$ 为矩形脉冲，定义为

$$g(t) = \sqrt{1/T}, 0 \leqslant t \leqslant T$$

因此，脉冲 $g(t)$ 的能量归一化为 1。考虑信号幅度取 4 种可能的等间隔值的情况，即 $\{A_m\} = \{-3d, -d, d, 3d\}$ 或等效为

$$A_m = (2m-3)d, \quad m = 0,1,2,3$$

式中，$2d$ 为两个相邻幅度电平之间的欧几里得距离。称这组信号波形为脉冲幅度调制 (PAM) 信号。

因为共有 4 种 PAM 信号波形，所以，每个波形可用来传输 2 比特的信息，按照 Gray 编码规则把信息比特对影射为四种信号波形，即

$$00 \to s_0(t), 01 \to s_1(t), 11 \to s_2(t), 10 \to s_3(t)$$

每个信息比特对称为一个符号，脉冲持续时间 T 称为符号区间。因此，如果比特率为 $R_b = 1/T_b$，则符号区间就是 $T = 2T_b$。

与二进制信号的情况一样，PAM 信号通过加性高斯白噪声信道 (AWGN)，叠加了噪声 $n(t)$。$n(t)$ 是功率谱密度 $\dfrac{N_0}{2}$ (W/Hz) 的白色高斯随机过程的一个样本函数。接收端的信号可表示为

$$r(t) = s_i(t) + n(t), i = 0,1,2,3, \ 0 \leqslant t \leqslant T_b$$

接收端在接收到信号 $r(t)$ 后，判断在区间 $0 < t < T_b$ 内发送的是四种信号波形中的哪一种。最佳接收机设计是符号差错概率最小。

二、基带 4-PAM 信号在 AWGN 信道下的最佳接收

与二进制基带信号一样，基带 4-PAM 信号在 AWGN 信道下的最佳接收机也是由相关器或匹配滤波器再加上一个幅度检测器来实现。

信号相关器将接收到的信号 $r(t)$ 与信号脉冲 $g(t)$ 做互相关，并将它的输出，在 $t=T$ 采样，因此，信号相关器的输出为

$$r = \int_0^T r(\tau) g(\tau) \mathrm{d}\tau = \int_0^T A_i g^2(\tau) \mathrm{d}\tau + \int_0^T n(\tau) g(\tau) \mathrm{d}\tau = A_i + n$$

式中，n 代表噪声分量，它是一个均值为 0 的高斯随机变量。

方差为

$$\sigma^2 = E(n^2) = \int_0^T \int_0^T g(t)g(\tau)E\big[n(t)n(\tau)\big]\mathrm{d}t\mathrm{d}\tau$$

$$= \frac{N_0}{2}\int_0^T \int_0^T g(t)g(\tau)\delta(t-\tau)\mathrm{d}t\mathrm{d}\tau$$

$$= \frac{N_0}{2}\int_0^T g^2(t)\mathrm{d}t = \frac{N_0}{2}$$

检测器将根据相关器的输出 r，判决发送的是四种 PAM 信号波形中的哪一种。因为，接收到的信号幅度 A_i 能够取 $\pm d$ 和 $\pm 3d$，所以，最佳幅度检测器要将相关器输出 r 与四种可能的传输电平进行比较，并选择在欧氏距离上最接近于 r 的幅度电平。因此，最佳检测器计算距离为

$$D_i = |r - A_i|, \quad i = 0,1,2,3$$

并选取对应于最小距离的幅度。

4-PAM 信号误符号率为

$$P_e = \frac{3}{2}Q\left(\sqrt{\frac{2d^2}{N_0}}\right)$$

误符号率还可以用信号能量来表示。因为 4 种幅度电平是等概率的，所以，每个符号的平均能量为

$$E_s = \frac{1}{4}\sum_{i=0}^{3}\int_0^T s_i^2(t)\mathrm{d}t = 5d^2$$

所以

$$P_e = \frac{3}{2}Q\left(\sqrt{\frac{2E_s}{5N_0}}\right)$$

因为每个传输符号由两个信息比特组成，所以，每个比特的平均能量是 $E_b = \frac{1}{2}E_s$。

三、基带 4-PAM 信号在 AWGN 信道下的传输性能

MATLAB 提供了 PAM 调制与解调的函数，pammod 和 pamdemos。下面给出基带 4-PAM 信号在 AWGN 信道下的传输性能仿真的例子。

例 7：仿真 4-PAM 信号通过 AWGN 信道后的误比特率性能。比特映射采用 Gray 编码，接收端采用相关器，画出误比特率和误符号率随 E_s / E_0 的变化情况，E_s / E_0 的范围是 0 ~ 15dB，并与理论值进行比较。

程序代码如下 :

```
1.   clear all
2.   symbol=100000;                    % 每种信噪比下的发送符号数
3.   samp=10;                          % 每个脉冲信号的抽样点数
4.
5.   M=4;                              %4–PAM
6.   graycode=[0 1 3 2];               %Gray 编码规则
7.   SsN0=0:15;                        % 信噪比 ,Eb/N0
8.   msg=ranaint(1,symbol,4);          % 消息数据
9.   msg1=graycode(msg+1);             %Gray 映射
10.  msg2=pammod(msg1,M);              %4–PAM 调制
11.  s=rectpulse(msg2,samp);           % 矩形脉冲成形
12.  for indd=1 : length(SsN0)
13.  decmsg=zeros(1,symbol);
14.  r=awn(real(s),SsN0(indd)−7,'measured'); % 通过 AWGN 信道
15.  r1=intdump(r,samp);                       % 相关器输出
16.  msg_demos=pamdemos(r1,M);                 % 判决
17.  decmsg=graycode(msg_demos+1);        %Gray 逆映射
18.  [err,ber(indd)]=biter(msg,decmsg,log2(M)）;    % 求误比特率
19.  [err,ser(indd)]=symerr(msg,decmsg);
20.   end
21.    semilog(SsN0,ber,'–ko',SsN0,ser,'–k*',SsN0,1.5*qfunc(sqrt(0.4*10.^(SsN0/10))));
22.  title('4–PAM 信号在 AWGN 信道下的性能 ')
23.  label('Es/N0');label(' 误比特率和误符号率 ')
24.  legend(' 误比特率 ',' 误符号率 ',' 理论误符号率 ')
```

程序的第 10 行是进行 4-PAM 调制，第 11 行是进行矩形脉冲成形，第 14 行是通过 AWGN 信道，需要注意的是 awn 函数默认对 PAM 信号添加的是复数噪声，因此，此处用 real 函数说明添加的是实数噪声。第 15 行是求相关器的输出，其他部分参见代码注释。

程序运行结果可以看出仿真结果与理论值的一致性。

Simulink 中也提供了基带 PAM 调制 (M–PAM Modularor Baseband) 和解

调 (M-PAM Demodulator Baseband) 模块，位于"Communications Blockset"→"Modularion"→"Digital Baseband Modularion"→"AM"模块库中。它们的参数设置对话框是一样的。它有如下几个参数：

（1）M-ary number：信号星座图的点数，该参数必须是偶数。

（2）Input type：输入是比特还是整数。

（3）Constellation ordering：在 Input type 是 Bit 时，该参数决定如何将输入的比特映射成相应的整数。

（4）Normalization method：该参数决定如何测量信号的星座图。

（5）Minimum distance：表示星座图中两个距离最近点之间的距离。本项只有当 Normalization method 远为 Min.distance between symbols 时有效。

（6）Samples per symbol：输出数据的采样点数。

下面看一下使用 Simulink 进行 4-PAM 信号传输的仿真方法。

例 8：用 Simulink 重新仿真例 7。

系统模型把发射部分 (Tx) 和接收部分 (Rx) 封装成一个子系统，在 Tx 模块中，Random Integer Generator 的 M-ary number 设为 2，Sample time 设为 1/200000，选中 Frame-based outputs，Sample per frame 设为 200000。Bit to Integer Converter 和 Data Mapper 模块与第四章中的例 4.7 设置相同，M-PAM Modularor Baseband 模块位于"Communications Blockset"→"Modularion"→"Digital Baseband Modularion"→"AM"模块库中，在它的参数设置中，把 M-ary number 设为 4，其他采用默认值。

在 AWGN 信道模块中，Mode 设为 Signaltonoiseratio(Es/No)；Es/No(dB) 设为 SNR，表示将从工作区传递数值给它；Inputsignalpower(watts) 设为 5；Symbolperiod 设为 1/100000。

在 Rx 模块中，M-PAM Demodulator Baseband 模块位于"Communications Blockset Modularion Digital Baseband Modularion-AM"模块库中，在它的参数设置中，把 M-ary number 设为 4，其他采用默认值。

最后的误符号率和误比特率统计模块中把 Outputdata 设为 Workspace，Variablename 分别设为 SER 和 BER。

各模块参数设置完成后，把仿真时间设为 2。

由于程序需要运行多次才能够得到信噪比与误比特率之间的关系，为此需编写如下的脚本程序：

1.　clear all

2.　　SsN0=0:15;　　　　　　　　　%SNR 的范围

3.

4.　　for Ii=1:length(SsN0)

5.　　　　SNR=SsN0(Ii);　　　　　　% 赋值给 AWGN 信道模块中的 SNR

6.　　　　sim('ex8');　　　　　　　　% 运行仿真模型

7.　　　　ber(Ii)=BER(1);　　　　　　% 保存本次仿真得到的 BER

8.　　　　ser(Ii)=SER(1);　　　　　　% 保存本次仿真得到的 SER

9.　　end

10.　　semilog(SsN0,ber,'-ko',SsN0,ser,'-k*',SsN0,1.5*qfunc(sqrt(0.4*10.^(SsN0/10))));

11.　　title('4-PAM 信号在 AWGN 信道下的性能 ')

12.　　label('Es/N(y);label(' 误比特率和误符号率 ')

13.　　legend(' 误比特率 ',' 误符号率 ',' 理论误符号率 ')

代码同例 5 相似，不再说明。

由程序运行结果可以看到，仿真结果与理论值非常吻合。

以上讨论了基带 4-PAM 信号在 AWGN 信道下的传输性能，除 4-PAM 外，可以构造更多 8-PAM，16-PAM 等多电平幅度信号。在 AWGN 信道下的传输性能及仿真，读者可以自行完成。

第四节　带限信道的信号传输

在前几节中研究了数字基带信号通过加性高斯白噪声信道的传输，并且假设信道除了叠加高斯噪声外，不会对信号产生其他失真。然而，实际的信道总是不理想的，除了叠加高斯噪声外，还会使信号产生畸变。这一节讨论一下带限信道的信号传输。

一、带限信道

许多通信信道一般都可以用带限线性滤波器来表征，等效低通频率响应为 $C(f)$，其等效低通冲激响应记为 $c(t)$。那么，如果信号

$$s(t) = \text{Re}\left(v(t)e^{j2\pi f_c t}\right)$$

在带限信道上传输，等效低通接收信号为

$$r_1(t) = \int_{-\infty}^{\infty} v(\tau)c(t-\tau)\mathrm{d}\tau + n(t)$$

信号项在频域可以表示为 $V(f)C(f)$ ，如果信道带宽限于 MHz 内，那么；$|f| > W$ 时， $C(f) = 0$。结果 $V(f)$ 中，高于 $|f| = W$ 的任何频率分量都不能通过该信道。因此，发送信号的带宽也需要限定为 MHz 。

在信道带宽内，频率响应的表达式为

$$C(f) = A(f)\mathrm{e}^{\mathrm{j}\theta(f)}$$

式中， $A(f)$ 为幅度响应； $\theta(f)$ 为相位响应。

此外，包络延时特性定义为

$$\tau(f) = -\frac{1}{2\pi}\frac{\mathrm{d}\theta(f)}{\mathrm{d}f}$$

如果对所有 $|f| \leq W$ ， $A(f)$ 为常数，并且 $\theta(f)$ 为频率的线性函数，即 $\tau(f)$ 是一个常数，则称这种信道是无失真的或理想的。若 $A(f)$ 和 $\tau(f)$ 不是常数，那么信道就会使信号产生失真。若 $\tau(f)$ 不是常数，这个失真称为幅度失真；若 $\tau(f)$ 不是常数，称为延时失真。

非理想信道频率响应 $C(f)$ 引起的幅度和延时失真的结果是，在传输信号的速度与信道带宽相比拟的情况下，连续传输的脉冲波形会受到破坏，使得接收端前后脉冲不再能清晰地分开，产生了码间干扰 (ISI)。

二、带限信道信号无 ISI 的条件

数字调制的等效低通发送信号具有下列形式，即

$$v(t) = \sum_{n=0}^{\infty} I_n g(t-nT)$$

式中， $\{I_n\}$ 表示离散信息符号序列； $g(f)$ 是一个脉冲且假设在本讨论中具有带限的频率响应特性 $G(f)$ ，即当 $|f| > W$ 时， $G(f) = 0$。

这个信号通过信道传输，信道的频率响应也限于 $|f| \leq W$ 的范围。因此，接收信号可以表示为

$$r_1(t) = \sum_{n=0}^{\infty} I_n h(t-nT) + n(t)$$

$$h(t) = \int_{-\infty}^{\infty} g(\tau)c(t-\tau)\mathrm{d}\tau$$

且 $n(f)$ 表示加性高斯白噪声。

假设接收机信号首先通过一个滤波器，然后以 $1/T$ 的符号速率抽样。由信号检测的观点，最佳滤波器是与接收脉冲匹配的滤波器，也就是说，接收滤波器的频率响应是 $H^*(f)$。把接收滤波器的输出表示为

$$y(t) = \sum_{n=0}^{\infty} I_n x(t - nT) + z(t)$$

式中，$x(t)$ 表示接收滤波器对输入脉冲 $h(t)$ 的响应；$z(t)$ 是接收滤波器对噪声 $n(t)$ 的响应。那么，若在 $t = kT + t_0$，$k = 0, 1, \cdots$ 时刻，对 $y(t)$ 抽样，则有

$$y(kT + t_0) = y_k = \sum_{n=0}^{\infty} I_n x(kT - nT + t_0) + z(kT + t_0)$$

或等价为

$$y_k = \sum_{n=0}^{\infty} I_n x_{k-n} + z_k$$

式中，t_0 为信道的传输延时。

抽样值可以表示为

$$y_k = x_0 \left(I_k + \frac{1}{x_0} \sum_{\substack{n=0 \\ n \neq k}}^{\infty} I_n x_{k-n} \right) + z_k$$

把 x_0 看作一个任意的标尺因子，为方便计算令它等于 1，则

$$y_k = I_k + \sum_{\substack{n=0 \\ n \neq k}}^{\infty} I_n x_{k-n} + z_k$$

式中，I_k 项表示在第 k 个抽样时刻的期望信息符号；$\sum_{n=0}^{\infty} I_n x_{k-n}$ 表示符号间干扰 (ISI)；z_k 为在第 k 个抽样时刻的加性高斯白噪声变量。

下面讨论在抽样时刻不存在 ISI 的条件下的信号设计。在此，假设信道是理想的，即当 $|f| \leq W$ 时，$C(f) = 1$。因此，脉冲 $x(t)$ 具有谱特性 $X(f) = |C(f)|^2$。满足没有 ISI 的条件是 Nyquist 定理。

一个信号 $x(t)$ 具有零 ISI 的充要条件为

$$x(nT) = \begin{cases} 1, & n = 0 \\ 0, & n \neq 0 \end{cases}$$

它满足 Fourier 变换，即

$$\sum_{m=-\infty}^{\infty} X(f + \frac{m}{T}) = T$$

式中，$1/T$ 是符号率。

一般来说，很多信号都设计成具有这个性质。在实际中最常用的一种信号是具有升余弦频率响应特性的信号，定义为

$$X_{rc}(f) = \begin{cases} T, & 0 \leqslant |f| \leqslant \dfrac{1-\alpha}{2T} \\ \dfrac{T}{2}\left[1 + \cos\dfrac{\pi T}{\alpha}\left(|f| - \dfrac{1-\alpha}{2T}\right)\right], & \dfrac{1-\alpha}{2T} < |f| \leqslant \dfrac{1+\alpha}{2T} \\ 0, & |f| > \dfrac{1+\alpha}{2T} \end{cases}$$

式中，α 称为滚降系数，它的取值为 $0 \leqslant \alpha \leqslant 1$；$1/T$ 是符号率。

当 $\alpha = 0$ 时，$X_{rc}(f)$ 就变成一个理想的、带宽为 $1/(2T)$ 的理想低通滤波器，频率 $1/(2T)$ 称为 Nyquist 频率。当 $\alpha > 0$，信号超过 Nyquist 频率 $1/(2T)$ 以外的带宽称为过剩带宽，通常将它表示为 nyquist 频率的百分数。例如，当 $\alpha = \dfrac{1}{2}$ 时，过剩带宽为 50%；当 $\alpha = 1$ 时，过剩带宽为 100%。具有升余弦谱的脉冲为

$$x(t) = \frac{\sin \pi t/T}{\pi t/T} \frac{\cos(\pi \alpha t/T)}{1 - 4\alpha^2 t^2/T^2}$$

由于升余弦谱的平滑特性，因此，设计实用的发送和接收滤波器来近似实现整个期望的频率响应是可能的。在信道是理想的特殊情况下，即 $|f| \leqslant W$ 时，$C(f) = 1$，有

$$X_{rc}(f) = G_T(f)G_R(f)$$

式中，$G_T(f)$ 和 $G_R(f)$ 是发送滤波器和接收滤波器的频率响应。在此情况下，若接收滤波器匹配于发送滤波器，则有 $X_{rc}(f) = G_T(f)G_R(f) = |G_T(f)|^2$。

对此理想情况，即

$$G_T(f) = \sqrt{X_{rc}(f)}\,e^{-j2\pi ft_0}$$

式中，$G_T(f)$ 称为根升余弦滤波器，并且 $G_R(f) = G_T^*(f)$；t_0 是某标称延时，用来保证该滤波器的物理可实现性。因此，整个升余弦谱特性在发送滤波器和接收滤波器之间均等地划分。根升余弦滤波器的脉冲响应为

$$h(t) = 4\alpha \frac{\cos\left[(1+\alpha)\pi t/T\right] + \dfrac{\sin\left[(1-\alpha)\pi t/T\right]}{(4\alpha t/T)}}{\pi\sqrt{T}\left[1-(4\alpha t/T)^2\right]}$$

三、带限信道信号传输的仿真

MATLAB 提供了设计升余弦滤波器的函数 cosine，rcosfir，rcosIir 和 rcosflt。既可以用来设计升余弦滤波器，也可以用来设计根升余弦滤波器。其中 cosine，rcosfir，rcosIir 只能用来设计滤波器，而 rcosflt 则可以设计滤波器同时对输入数据进行脉冲成形，也可以用设计好的滤波器对输入数据进行脉冲成形。

1.[num,den]=cosine(Fd,rs,type_flag,r,delay)

[num,den]=cosine(Fd,Fs,type_flag,r,delay) 用来设计升余弦或根升余弦滤波器。输入信号的取样频率为 Fd，滤波器的取样频率为 Fs。Fs/Fd 必须是大于 1 的正整数。r 是滤波器的滚降系数。默认滚降系数是 0.5。delay 是滤波器的时延，默认值是 3，相应的时延为 3/Fds。type_flag 用来说明设计的滤波器的类型。它的取值及代表含义参见表 3-1。

表 3-1　type_flag 选项说明

type_flag 值	说　明
'default' 或 'fir/normal'	设计 FIR 升余弦滤波器
'kir' 或 'iir/normal'	设计 IIR 升余弦滤波器
'sqrt' 或 'fir/sqrf'	设计 FIR 根升余弦滤波器
'iir/sqrt'	设计 IIR 根升余弦滤波器

2.y=rcosflt(x,Fd,Fs,type_flag,r,delay)

y=rcosflt(x,Fd,Fs,type_flag,r,delay) 用来设计一个 FTR 或 IIR 升余弦滤波器，然后对输入数据 x 进行滤波。它的参数含义与 cosine 的相同。

3.y=rcosflt(x,Fd,Fs,'type_flag/filter',num,den)

用已经设计好的滤波器对输入数据滤波，滤波器转移函数的分子和分母系数，分别由 num 和 den 给定。其他参数含义与 cosine 的相同。

rcosfir 和 rcosIir 的用法与 cosine 的类似，这里就不再给出，请读者参考

MATLAB 帮助。

例9：设计一个滚降系数为0.2，时延为4个符号间隔的FIR升余弦滤波器，其中符号采样频率 Fd=1，滤波器采样频率为 Fs=10。画出该滤波器的冲击响应，并生成 30 个二进制数据序列，对该序列进行滤波，画出滤波前后的波形。

程序代码如下：

```
1.  clear all
2.  Fd=1;                               % 符号采样频率
3.  Fs=10;                              % 滤波器采样频率
4.  r=0.2;                              % 滤波器滚降系数
5.  delay=4;                            % 滤波器时延
6.  [num,den]=cosine(Fd,Fs,'defaulter,delay); % 设计滤波器
7.  figure;imps(num,1);                 % 滤波器的冲击响应
8.  title(' 滤波器的冲击响应 ')
9.  x=randint(1,30);                    % 二进制数据序列
10. [y,ty]=rcosflt(x,Fd,Fs,'filter',num,den); % 对二进制数据序列进行脉冲
成形
11. figure
12. t=delay:length(x)+delay-l;
13. stem(t,x,'-r');hold on             % 画出二进制数据
14. plot(ty,y)                          % 画出脉冲成型后的数据
15. legend(' 二进制数据 ',' 脉冲成型后的数据 ')
16. axis([-1 40 -0.5 2])
```

程序的第 6 行是设计升余弦滤波器，第 10 行是对二进制数据进行脉冲成形。ty 返回的是滤波器的输出对应的采样时间。其他代码参见注释。

程序运行结果可以看出，如果以符号速率对脉冲成形后的数据进行采样，在采样点处，采样数据与原始数据相等，说明采样点处的数据没有 ISI。

例 10：有一个 4-PAM 调制信号，调制信号在发送端和接收端分别采用滚降系数为 0.25，时延为 5 的根升余弦滤波器进行谱成形。其中符号采样频率 Fd=1，滤波器采样频率为 Fs=10。假设调制信号采用 Gray 编码，仿真该信号在 AWGN 信道下的性能，画出误比特率和误符号率随 E_s/N_0 的变化情况，E_s/N_0=0 ～ 15dB。

程序代码如下：

```
1.   clear all
2.   symbol=100000;                    % 每种信噪比下的发送符号数
3.
4.   Fd=1;                             % 符号采样频率
5.   Fs=10;                            % 滤波器采样频率
6.   roloff=0.25;                      % 滤波器滚降系数
7.   delay=5;                          % 滤波器时延
8.   M=4;                              %4-PAM
9.   graycode=[0 1 3 2];               %Gray 编码规则
10.  SsN0=0:15;                        % 信噪比 ,Es/N0
11.  msg=randint(1,symbol,4);          % 消息数据
12.  msg1=grayccxle(msg+1);            %Gray 映射
13.  msgmod=pammod(msg1,M);            %4 > PAM 调制
14.  rrcfilter=cosine(Fd,Fs'fir/sqrt',roloff,delay);       % 设计根升余弦滤波器
15.  s=rcosflt(msgmod,Fd,Fs,'filter',rrcfilter);% 通过根升余弦滤波器进行脉冲
成形
16.  for indd=1:length(SsN0)
17.  decmsg=zeros(1,symbol);
18.  r=awn(real(s),SsN0(indd)-7,'measured');% 通过 AWGN 信道
19.  rx=rcosflt(r,Fd,Fs,'Fs/filter',rrcfilter);     % 通过根升余弦滤波器进行相关
20.  rx1=dowsample(rx,Fs);  % 相关器采样
21.  rx2=rx1(2*delay+1:end-2*delay);          % 去掉延迟
22.  msg_demos=pamdemos(rx2,M);               % 判决
23.  decmsg=graycode(msg_demos+1);            %Gray 逆映射
24.  [err,ber(indd)]=biter(msg,decmsg,log2(M)）;     % 求误比特率
25.  [err,ser(indd)]=symerr(msg,decmsg); % 求误符号率
26.  end
27.   semilog(SsN0,ber,'-ko',SsN0,ser,'-k*',SsN0,1.5*qfunc(sqrt(0.4*10.^(S
sN0/10))));
28.  title('4-PAM 信号在 AWGN 理想带限信道下的性能 ')
29.  label('Es/N0');label(' 误比特率和误符号率 ')
```

30. legend(' 误比特率 ',' 误符号率 ',' 理论误符号率 ')

程序在例 7 的基础上增加了根升余弦滤波器设计（第 14 行），第 15 行是把调制信号通过根升余弦滤波器进行脉冲成形，第 19 行是接收端利用根升余弦滤波器进行相关，程序的其他代码请参考注释。

由程序运行结果可以看出，信号经过信道后没有产生码间干扰，所以，误符号率与理想非带限信道下的理论误符号率相一致。

Simulink 同样提供了升余弦滤波器发送 (Raised Cosine Transmit Filter) 和接收 (Raised Cosine Receive Filter) 模块，位于"Communications Blockset"→"Comm Filters"模块库中。

它们的参数如下：

（1）Filter type：设定升余弦滤波器的类型，有 Square root 和 Normal 两种。

（2）Group delay(number of symbols)：滤波器的群时延，必须为一正整数。如果采用根升余弦滤波器，发送滤波器和接收滤波器应该保持一致。

（3）Rolloff factor(0 to 1)：滤波器的滚降因子。

（4）Input sampling mode：输入采样类型，有 Frame-based 和 Sample-based 两种。

（5）Filter gain：滤波器增益项，决定模块如何缩放滤波器参数，有 Normalized 和 User-specified 两种方式。

此外对发送滤波器还有以下参数：

Upsampling factor：上采样频率因子，表示滤波后的输出信号中每个符号的采样点数，必须为大于 1 的整数。

接收滤波器有以下参数：

（1）Outputmode：是否对滤波后的信号降低采样率，有 Dowsampling 和 None 两种。

（2）Dowsampling factor(L)：接收模块过滤后的信号降低采样频率参数。本项只有当 OiUput mode 选为 Dowsampling 时显示。

（3）Sampleoffset(0 ~ L-1)：降采样的偏移位置，如果为 0，模块选择滤波后信号序列位 $1L+1, 2L+1, 3L+1\cdots$ 的采样作为模块输出。如果设为小于 L 的正整数，那么模块去掉初始的 Sampleoffset 个采样，再按照上面的方法来降低采样频率。

下面来看一个使用它们的示例。

例 11：用 Simulink 重新仿真例 10。

系统模型总的框图与例 8 类似，不过发送模块和接收模块分别要做如下修改。其中，在发送模块中，增加了 Raised Cosine Transmit Filter 模块和两个延迟模块 (Dealt1 和 Dealt2)。Dealtl 和 Delay2 模块的 Delay Units 选为 Samples，Delay1 模块的 Delay(samples) 设为 8，Delay2 模块设为 16。

此外，在系统总框图中，AWGN Channel 模块的 Input signal power(watts) 要设为 0.5。SER Calculation 和 BER Calculation 的 Computation delay 要分别设为 8 和 16，以与发送和接收滤波器的总时延相匹配。

其他模块参数和仿真参数的设置与例 7 相同。

由于程序需要运行多次才能够得到信噪比与误比特率之间的关系，为此需编写如下的脚本程序：

```
1.  clear all
2.  SsN0=0:15;                       %SNR 的范围
3.
4.  for Ii=1:length(SsN0)
5.    SNR=SsN0(Ii);                   % 赋值给 AWGN 信道模块中的 SNR
6.    sim('ex11');                    % 运行仿真模型
7.    ber(Ii)=BER(1);                 % 保存本次仿真得到的 BER
8.    ser(Ii)=SER(1);                 % 保存本次仿真得到的 SER
9.  end
10. semilog(SsN0,ber,'-ko',SsN0,ser,'-k*',SsN0,1.5*qftinc(sqrt(0.4*10.^(SsN0/10))));
11. title('4-PAM 信号在 AWGN 理想带限信道下的性能 ')
12. label('Es/N0');label(' 误比特率和误符号率 ')
13. legend(' 误比特率 ',' 误符号率 ',' 理论误符号率 ')
```

代码同例 7 相似，就不再说明。

程序运行结果可以看出，其与例 10 的结果相符合。

以上讨论了理想带限信道下的信号传输，在非理想带限信道情况下，需要根据信道特性分别设计相应的发送滤波器和接收滤波器，关于这方面的内容，可参考数字通信的相关教材，本书在此就不再过多阐述。

小结

　　本章讨论了数字基带信号的传输。首先讨论了理想非带限信道下的数字信号传输，包括二进制基带信号传输和基带 PAM 信号传输。其中，二进制基带信号又包括正交信号、双极性信号和单极性信号。最后讨论了在理想带限信道情况下的信号传输。对每一种信号传输方法进行了简单的理论分析，并给出了相应的仿真示例。读者可在此基础上，进一步分析非理想信道下的数字基带传输方法。

第四章 数字信号载波传输

第三章介绍了数字基带传输系统。在实际生活中，数字基带信号是不能由数字通信系统的信道直接传输的。这是因为调制过程存在于系统的发送端，解调过程却存在于接收端。因此，本章要先对数字调制的概念和分类进行简要介绍，然后分析二进制数字调制系统的原理和性能，在此基础上，再分析几种常用的多进制数字调制系统。

第一节 概述

数字调制指的是数字基带信号变化的过程，这个过程是通过待传输的数字基带信号去控制载波的参量，使之随数字基带信号的变化而变化的过程。数字调制的目的是使待传输的基带信号适合于信道上传输，与模拟调制相比较，两者在原理上相似，在本质上并无差异。在数字调制过程中，待传输的数字基带信号通常也叫作调制信号，而对于调制后的信号，我们通常将其称为已调信号。

所谓数字解调，就是把已调信号在接收端变回数字基带信号。那么，所谓的数字调制其实就是数字调制和解调的统称。数字调制系统模型如图 4-1 所示。它和数字基带传输系统的模型相比，不同之处就在于数字调制系统增加了调制和解调部分，其余部分基本相同。

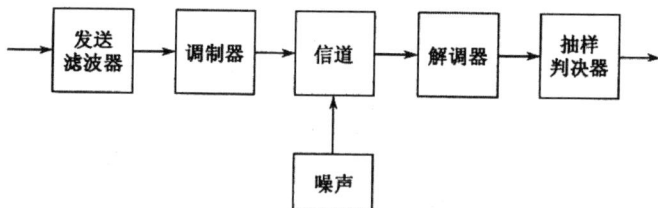

图 4-1 数字调制系统模型

　　数字调制的方式可以分为很多种，常用的方法如下：正弦载波有三个参量，振幅、相位和频率，根据数字基带信号所控制的参量不同，数字调制有数字振幅调制（数字调幅）、数字相位调制（数字调相）和数字频率调制（数字调频）。

　　数字调制在方式上可以分为二进制数字调制、多进制数字调制两种，之所以会有二进制数字调制、多进制数字调制之分，是因为数字基带信号有的是二进制的，也有的是多进制的。

　　数字调制在结果上可以分为线性调制和非线性调制两种，这是由于已调信号的频谱所具有的结构特点不同。在线性调制中，已调信号的频谱结构与基带信号的频谱结构相同，只不过频率位置搬移了，如振幅键控；在非线性调制中，已调信号的频谱结构完全不同于基带信号的频谱结构，不只是简单的频谱搬移，而是有其他新的频率成分出现。

　　在日常生活中总会有些特别的要求，因此在基本的数字调制基础上，人们还充分发挥才智，研制出了多种派生的、新型的数字调制方式，如正交振幅调制、最小频移键控等。而且随着通信技术的发展，还会不断地根据需要发展出新的数字调制方式来。

第二节　载波幅度调制 (PAM)

　　数字 PAM 也称为幅移键控 (ASK)。在数字基带 PAM 中，信号波形具有如下的形式，即

$$s_m(t) = A_m g(t)$$

式中，A_m 是第 m 个波形的幅度；$g(t)$ 是某一种脉冲，它的形状决定了传输信号的谱特性。假设基带信号的频谱位于频带 $|f| \leq W$ 之内，W 是 $|G(f)|^2$ 的带宽。信号幅度取的是离散值，即

$$A_m = (2m-1-M)d, \quad m = 1, 2, \cdots, M$$

一、载波 PAM 信号的产生

　　为了产生载波 PAM 信号，需要将基带信号波形 s_m 与正弦载波 $\cos 2\pi f_c t$ 相乘。传输信号的波形表示为

$$s(t) = A_m g(t)\cos(2\pi f c t)$$

在传输的脉冲形状 $g(t)$ 是矩形的特殊情况下，即

$$g(t) = \sqrt{\frac{2}{T}}, 0 \leqslant t \leqslant T$$

在这种情况下，这个 PAM 信号不是带限的。

已调信号的频谱为

$$S(f) = \frac{A_m}{2}\left[G(f+f_c) + G(f-f_c)\right]$$

基带信号 $s_m(t) = A_m g(f)$ 的频谱被搬移到载波频率 f_c 上。这个带通信号是一个双边带一只载波 (DSBSC) 的 AM 信号。

将基带信号 $s_m(t)$ 调制到载波 $\cos 2\pi f_c t$ 上，并没有改变数字 PAM 信号波形的基本几何表示。一般来说，带通 PAM 信号波形可以表示为

$$s(t) = s_m \phi(t)$$

式中，$\phi(t)$ 定义为 $\phi(t) = g(t)\cos 2\pi f_c t$，并且 $s_m = A_m$ 代表在实线上取 M 个值的信号星座点。

二、载波 PAM 信号的解调

带通数字 PAM 信号的解调可以用相关或匹配滤波器来完成。下面以相关器为例来说明 PAM 信号的解调。

接收信号可以表示为

$$r(t) = A_m g(t)\cos(2\pi f_c t) + n(t)$$

式中，$n(t)$ 是带通噪声过程，它可以表示为

$$n(t) = n_c(t)\cos(2\pi f_c t) - n_s(t)\sin(2\pi f_c t)$$

式中，$n_c(t)$ 和 $n_s(t)$ 是该噪声的同相分量和正交分量。通过将接收信号与 $\phi(t)$ 做互相关，如图 4-2 所示，可得输出为

$$\int_{-\infty}^{\infty} r(t)\phi(t)\mathrm{d}t = A_m + n = s_m + n$$

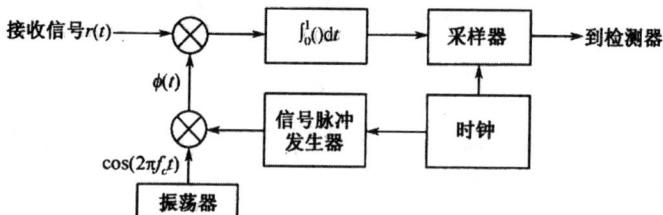

图 4-2　带通数字 PAM 信号的解调

式中，n 代表在相关器重输出的加性噪声分量。它的均值为 0，方差可以表示为

$$\sigma_n^2 = \int_{-\infty}^{\infty} |\Phi(f)|^2 S_n(f) df$$

式中，$\Phi(f)$ 是 $\phi(f)$ 的 Fourier 变换；$s_n(f)$ 是加性噪声的功率谱密度。得

$$\Phi(f) = \frac{1}{2}[G(f + f_c) + G(f - f_c)]$$

$$S_n(f) = \frac{N_0}{2}, |f - f_c| \leqslant W$$

$$\sigma_n^2 = \frac{N_0}{2}$$

因此，载波调制的 PAM 信号的最佳检测器的差错概率与基带 PAM 的最佳检测器差错概率是一样的，即

$$P_M = \frac{2(M-1)}{M} Q\left(\sqrt{\frac{6E_s}{(M^2-1)N_0}}\right)$$

式中，E_s 是符号的平均能量。

三、载波 PAM 信号的仿真

下面给出使用 MATLAB 和 Simulink 仿真载波 PAM 信号调制与解调的例子。

例 1：仿真 4-PAM 载波调制信号在 AWGN 信道下的误码率和误比特率性能，并与理论值相比较。假设符号周期为 1s，载波频率为 10Hz，每个符号周期内采样 100 个点。

程序代码如下：

```
1.   clear all
2.   symbol=100000;            % 每种信噪比下的发送符号数
3.   T=1;                      % 符号周期
4.   fs=100;                   % 每个符号的采样点数
5.   ts= 1/fs;                 % 采样时间间隔
6.   t=0:ts:T-ts;              % 时间矢量
7.   fc=10;                    % 载波频率
8.   c=sqrt(2/T)*cos(2*pi*fc*t);   % 载波信号
9.
10.  M=4;                      %4-PAM
11.  graycode=[0 1 3 2];       %Gray 编码规则
```

12. SsN0=0:15;   % 信噪比 ,Es/N0

13. snr1=10.^(SsN0/10);   % 信噪比转换为线性值

14. msg=randint(1,symbol,4);   % 消息数据

15. msg1=graycode(msg+1);   %Gray 映射

16. msgmod=pammod(msg1,M).'   % 基带 4-PAM 调制

17. tx=msgmod*c;   % 载波调制

18. tx1=reshape(tx.',1,length(msgmod)*length(c));

19. slow=norm(tx1).^2/symbol;   % 求每个符号的平均功率

20. for indd=1:length(SsN0)

21. sigma=sqrt(slow/（2*snr1(indd)));   % 根据符号功率求噪声功率

22. rx=tx1+sigma*rand(1,length(tx1));   % 加入高斯白噪声

23. rx1=reshape(rx,length(c),length(msgmod));

24. y=(c*rx1)/length(c);   % 相关运算

25. y1=pamdemos(y,M);   %PAM 解调

26. decmsg=graycode(y1+1);

27. [err,ber(indx)]=biter(msg,decmsg,log2(M));   % 误比特率

28. [err,ser(indd)]=symerr(msg,decmsg);   % 误符号率

29. end

30. semilog(SsN0,bert'-ko',SsN0,ser,'-k*',SsN0,1.5*qfunc(sqt(0.4*snr1)));

31. title('4-PAM 载波调制信号在 AWGN 信道下的性能 ')

32. label('Es/N0'); label(' 误比特率和误符号率 ')

33. legend(' 误比特率 ',' 误符号率 ',' 理论误符号率 ')

程序与第三章例 7 基带 PAM 信号仿真类似，不同的是在进行了基带 PAM 调制后，又进行了载波调制（第 17 行），在接收端与载波进行了相关运算（第 24 行），其他部分请参考程序注释。

由程序运行结果可以看出，仿真结果与理论结果相一致。

Simulink 中提供了基带 PAM 调制解调的模块，也可以用它完成载波调制。

例 2：用 Simulink 重新仿真例 1。

系统模型把发射部分 (Tx) 和接收部分 (Rx) 封装成一个子系统，在 Tx 模块中，Random Integer Generator 的 M-ary number 设为 2,Sample time 设为 1/（2*SymbolRate)，其中，SymbolRate 代表符号速率，它将从工作区赋值，选中 Frame-based putouts，Sample per frame 设 为 2*SymbolRate。Bit to Integer Converter 和 Data Mapper 模块与

第三章中的例 8 设置相同，在 M-PAM Modularor Baseband 模块的参数设置中，把 M-ary number 设为 4，Samples per symbol 设为 100。Sine Wave 模块的参数设置中，Sine type 设为 Time based，Time(t) 设为 Use simulation time，Amplitude 设为 sqrt(2)，Frequency(rad/sec) 设为 2*pi*SymbolRate，Phase(rad) 设为 pi/2，Sample time 设为 1/（100*SymbolRate)。Buffer 模块位于 "Signal Processing Blockset" → "Signal Management" → "Buffers" 模块库中，在它的参数设置中，Output buffer size(per channel) 设为 100*SymbolRate。由于 M-PAM Modularor Baseband 模块的输出数据类型是虚部为 0 的复数类型，为了不让 AWGN 信道模块添加复数类型的噪声，需要取 M-PAM Modularor Baseband 模块输出的实部，这个工作由 Complex to Real-imag 模块完成，它位于 "Simulink-Math Operations" 模块库中，在它的参数设置中，Output 设为 Real 即可。

在 Rx 模块中，Sine Wave 模块和 Buffer 模块的参数设置与 Tx 模块中的一致。Integrate and Dump 的 Integration period(number of samples) 设为 100。Gain 模块的 Gain 设为 1/100。Real-Image to Complex 模块用来把 Gain 模块的输出数据类型由实数变成复数类型，以满足 M-PAM Demodulator Baseband 模块输入数据类型的要求，在它的参数设置中，Input 设为 Real，Imagpart 设为 0。其他模块的参数设置与第三章中的例 8 相同。

在 AWGN 信道模块中，Symbol period(s) 设为 1/SymboRate，其他参数与例 8 相同。误符号率和误比特率统计模块中把 Computation mode 分别设为 SymbolRate 和 2*SymbolRate，其他参数与第三章例 8 保持一致。

各模块参数设置完成后，把仿真时间设为 50000。设置完成后，把模型存盘，命名为 ex2.mal。

由于程序需要运行多次才能够得到信噪比与误比特率和误码率之间的关系，为此需编写如下的脚本程序：

```
1.   clear all
2.   SsN0=0:15;                    %SNR 的范围
3.   SsN01=10.^(SsN0/10);
4.   SymbolRate=2;                 % 符号速率
5.   for Ii=1:length(SNO)
6.     SNR=SsN0(Ii);               % 赋值给 AWGN 信道模块中的 SNR
7.     sim('ex2');                 % 运行仿真模型
8.     ber(Ii)=BER(1);             % 保存本次仿真得到的 BER
```

9.　　ser(Ii)=SER(1);　　　　　　　　% 保存本次仿真得到的 SER

10.　end

11.　semilog(SsN0,ber,'-ko',SsN0,ser,'-k*',SsN0,1.5*qfunc(sqrt(0.4*SsN01)));

12.　title('4-PAM 载波调制信号在 AWGN 信道下的性能 ')

13.　label('Es/N0');label(' 误比特率和误符号率 ')

14.　legend(' 误比特率 ',' 误符号率 ',' 理论误符号率 ')

代码同第三章例 8 相似，就不再说明。

由程序运行结果可以看到，仿真结果与理论值同样非常吻合，并且结果与基带 4-PAM 的差错概率相同，因此，在线性调制的仿真中，完全可以用等效基带信号仿真代替载波调制仿真，这样可以大大节省仿真时间。

第三节　载波相位调制 (PSK)

载波相位调制是用已调信号中载波的多种不同相位（或相位差）来代表数字信息的。数字相位调制通常称为相移键控 (PSK)。

一、载波 PSK 信号的产生

在数字相位调制中，M 个信号波形可表示为

$$s_m(t) = \text{Re}[g(t)e^{j2\pi(m-1)/M}e^{j2\pi f_c t}] = g(t)\cos\left(2\pi f_c t + \frac{2\pi m}{M}\right)$$

$$= g(t)\cos\left(\frac{2\pi m}{M}\right)\cos(2\pi f_c t) - g(t)\sin\left(\frac{2\pi m}{M}\right)\sin(2\pi f_c t), m=0,1,\cdots,M-1,0\leqslant t\leqslant T$$

式中，$g(t)$ 是信号脉冲形状；$\theta_m = \frac{2\pi m}{M}$ 是载波的 M 个可能的相位，用于传送信息。数字相位调制通常称为相移键控 (PSK)。这些信号波形具有相等的能量，即

$$E = \int_0^T s_m^2(t)\,\mathrm{d}t = \frac{1}{2}\int_0^T g^2(t)\,\mathrm{d}t = \frac{1}{2}E_g = E_s$$

式中，E_s 代表每个传输符号的能量。当 $g(t)$ 是矩形脉冲时，得

$$s_m(t) = \sqrt{\frac{2}{T}}\cos\left(2\pi f_c t + \frac{2\pi m}{M}\right), m=0,1,\cdots,M-1,0\leqslant t\leqslant T$$

这时，传输信号有一个不变的包络，而载波相位则在每个符号区间开始时

发生变化。

信号波形可以表示为两个标准正交信号波形 $\phi_1(t)$ 和 $\phi_2(t)$ 的线性组合，即

$$s_m(t) = s_{m1}\phi_1(t) + s_{m2}(t)$$

$$\phi_1(t) = \sqrt{\frac{2}{E_g}}g(t)\cos(2\pi f_c t)$$

$$\phi_2(t) = \sqrt{\frac{2}{E_g}}g(t)\sin(2\pi f_c t)$$

且二维矢量 $s_m = [\ s_{m1}\ ,\ s_{m2}\ ]$ 为

$$s_m = \left[\sqrt{\frac{E_g}{2}}\cos\frac{2\pi m}{M}, \sqrt{\frac{E_g}{2}}\sin\frac{2\pi m}{M}\right]$$

因此，相位调制信号可以看成两个正交载波，其幅度取决于在每个信号区间内传输的相位。

二、载波 PSK 信号的解调

从 AWGN 信道中，在一个信号区间内接收到的带通信号可以表示为

$$r(t) = s_m(t) + n(t) = s_m(t) + n_c(t)\cos(2\pi f_c t) - n_s(t)\sin(2\pi f_c t)$$

式中，$n_c(t)$ 和 $n_s(t)$ 是加性噪声的两个正交分量。

可以将接收信号与给出的 $\phi_1(t)$ 和 $\phi_2(t)$ 做相关，两个相关器的输出产生受噪声污损的信号分量，它们可以表示为

$$r = s_m + n = \left(\cos\frac{2\pi m}{M} + n_c, \sin\frac{2\pi m}{M} + n_s\right)$$

式中，n_c 和 n_s 定义为

$$n_c = \frac{1}{2}\int_0^T g(t)n_c(t)\mathrm{d}t$$

$$n_s = \frac{1}{2}\int_0^T g(t)n_s(t)\mathrm{d}t$$

$n_c(t)$ 和 $n_s(t)$ 是零均值且互不相关的高斯随机过程，它们的方差为 $\frac{N_0}{2}$。因为信号波形具有相等的能量，所以，PSK 的 AWGN 信道的最佳检测器计算相关度量，即

$$C(r, s_m) = r \cdot s_m, m = 0, 1, \cdots, M-1$$

将接收信号矢量 $r = [\ r_1\ ,\ r_2\ ]$ 投影到 M 个可能发送的信号矢量上，再根据

最大的投影分量判决发送信号。它等价于一个相位检测器：计算接收信号 r 的相位，再选择相位最接近 r 的信号矢量 s_m，r 的相位是

$$\theta_r = \tan^{-1}\frac{r_2}{r_1}$$

因为二相 PSK(BPSK) 与二进制 PAM 是相同的，所以差错概率也相同，4-PSK 可以看成两个在正交载波上的二相 PSK，所以误比特率与 BPSK 相同。对于 $M > 4$ 的符号差错概率，不存在简单的闭式表达式。对 P_M 的较好的近似为

当采用 Gray 编码时，误比特率近似为

$$P_M \approx 2Q\left(\sqrt{\frac{2E_s}{N_0}}\sin\frac{\pi}{M}\right)$$

$$P_b = \frac{1}{k}P_M$$

式中，$k = \log_2 M$，是每个符号传输的比特数。

三、载波 PSK 信号的仿真

下面给出使用 MATLAB 和 Simulink 仿真载波 PSK 信号调制与解调的例子。

例 3：仿真 8-PSK 载波调制信号在 AWGN 信道下的误码率和误比特率性能，并与理论值相比较。假设符号周期为 1s，载波频率为 10Hz，每个符号周期内采样 100 个点。

```
1.   clear all
2.   symbol=100000;                  % 每种信噪比下的发送符号数
3.
4.   T=1;                            % 符号周期
5.   fs=100;                         % 每个符号的采样点数
6.   ts=1/fs;                        % 采样时间间隔
7.   t=0:ts:T-ts;                    % 时间矢量
8.   fc=10;                          % 载波频率
9.   c=sqrt(2/T)*exp(j*2*pi*fc*t);   % 载波信号
10.  c1=sqrt(2/T)*cos(2*pi*fc*t);    % 同相载波
11.  c2=-sqrt(2/T)*sin(2*pi*fc*t);   % 正交载波
12.  M=8;                            %8-PSK
```

13.　grayccxie=[0 1 2 3 6 7 4 5];　　%Gray 编码规则

14.　SsN0=0:15;　　% 信噪比 ,Es/N0

15.　snr1=10.^(SsN0/10);　　% 信噪比转换为线性值

16.　msg=randint(1,symbol,M);　　% 消息数据

17.　msg1=graycode(msg+1);　　%Gray 映射

18.　msgmod=pskmod(msg1,M).';　　% 基带 8-PSK 调制

19.　tx=real(msgmod*c);　　% 载波调制

20.　tx1=neshape(tx.',1,length(msgmod)*length(c));

21.　slow=norm(tx1).^2/symbol;　　% 求每个符号的平均功率

22.　for indd=1:length(SsN0)

23.　sigma=sqrt(slow/(2*snr1(indd))); % 根据符号功率求噪声功率

24.　rx=tx1+sigma*rand(I,length(tsi));% 加入高斯白噪声

25.　rx1=reshape(rx,lengUi(c),length(msgmod));

26.　r1=(cl*rx1)/length(cl);　　% 相关运算

27.　r2=(c2*rx1)/length(c2);

28.　r=r1+j*r2;

29.　y=pskdemos(r,M);　　%PSK 解调

30.　decmsg=grayccxie(y+1);

31.　[err,ber(indd)]=biter(msg,decmsg,log2(M));　　% 误比特率

32.　[err,ser(indd)]=symerr(msg,decmsg);　　% 误符号率

33.　end

34.　ser1=2*qfunc(sqrt(2*snr1)*sin(pi/M));　　% 理论误符号率

35.　ber1=1/log2(M)*ser1;　　% 理论误比特率

36.　semilog(SsN0,ber,'-ko',SsN0,ser,'-k*',SsN0,serl,SsN0,berl,'-k.');

37.　title('4-PAM 载波调制信号在 AWGN 信道下的性能 ')

38.　label('Es/N0'); label(' 误比特率和误符号率 ')

39.　legend(' 误比特率 ',' 误符号率 ',' 理论误符号率 ',' 理论误比特率 ')

程序与例 1 类似，第 10，11 行分别是生成两个正交载波，在接收端要用它们与接收信号分别做相关。第 18 行是进行基带 8-PSK 调制。第 19 行是进行载波调制。第 26 ~ 27 行分别是接收信号与两个载波进行相关，第 29 行是进行 PSK 解调。其他代码作用请参考注释。

由程序运行结果可以看出，仿真得到的误符号率与理论近似值相吻合，而

仿真得到的误比特率要高于理论近似值。

Simulink 中提供了基带 PSK 调制解调的模块，也可以用它完成载波调制。

例 4：用 Simulink 重新仿真 16-PSK 通过 AWGN 信道后的误码率与误比特率并与理论值进行比较。

在 Tx 模块中，Random Integer Generator 的 M-arynumber 设为 2，Sample time 设为 1/（4*SymbolRate)，其中，SymbolRate 代表符号速率，它将从工作区赋值，选中 Frame-basegoutputs，Sample per frame 设为 4*SvmbolRate。Bit to Integer Converter 的 Number of bits per integer 设 为 4，Data Mapper 的 Mapping mode 设 为 Binary to Gray，Symbol set size(M) 设 为 16，在 M-PSK ModularorBaseband 模块的参数设置中，把 M-ary number 设为 16，Phase offset 设为 0，Samples per symbol 设为 100。两个 Sine Wave 模块的参数设置中，Sine type 设 为 Time based，Time(t) 设 为 Use simulation time，Amplitude 设 为 sqrt(2)，Frequency(rad/sec) 设 为 2*pi*SymbolRate，Phase(rad) 分别设 为 pi/2 和 pi，Sample time 设为 1/（100*SymbolRate)。Buffer 模块的 Output buffer size(per channel) 设为 100*SymbolRate.。

在 Rx 模块中，两个 Sine Wave 模块和 Buffer 模块的参数设置与 Tx 模块中 的 一 致。Integrate and Dump 的 Integration period(number of samples) 设 为 100。Gain 模块的 Gain 设为 1/100。M-PSK Demodulator Baseband 模块的 M-ary number 设 为 16，Phase offset 设 为 0。Samples per symbol 设 为 1。Data Mapper 的 Mapping mode 设为 Gray to Binary，Symbol set size(M) 设为 16。Integer to Bit Converter 的 Number of bits perinteger 设为 4。

在 AWGN 信道模块中，Symbol period(s) 设 为 1/SymboRate，Input signal power(watts) 设为 1，其他参数与例 2 相同。误符号率和误比特率统计模块中把 Computation mode 分别设为 SymbolRate 和 4*SymbolRate，其他参数与例 2 保持一致。

各模块参数设置完成后，把仿真时间设为 50000。设置完成后，把模型存盘，命名为 ex4.mal。

由于程序需要运行多次才能够得到信噪比与误比特率和误码率之间的关系，为此需编写如下的脚本程序：

```
1.    clear all
2.    M=16;                          %16-PSK
3.    SsN0=0:20;                     %SNR 的范围
```

4.　SsN01=10.^(SsN0/10);

5.　SymbolRate=2;　　　　　　% 符号速率

6.　for Ii=1:length(SsN0)

7.　　SNR=SsN0(Ii);　　　　% 赋值给 AWGN 信道模块中的 SNR

8.　　sim('ex4');　　　　　% 运行仿真模型

9.　　ber(Ii)=BER(1);　　　　% 保存本次仿真得到的 BER

10.　ser(Ii)=SER(1);　　　　% 保存本次仿真得到的 SER

11.　end

12.　ser1=2*qfunc(sqrt(2*SsN01)*sin(pi/M)); % 理论误符号率

13.　ber1=1/log2(M)*ser1;　　　　% 理论误比特率

14.　semilog(SsN0,ber,'-ko',SsN0,ser,'-k'SsN0,ser1,SsN0,ber1,'-k');

15.　title('16-PSK 载波调制信号在 AWGN 信道下的性能 ')

16.　label('Es/N0');label(' 误比特率和误符号率 ')

17.　legend(' 误比特率 ',' 误符号率 ',' 理论误符号率 ',' 理论误比特率 ')

代码同例 2 相似，就不再说明。

从程序运行结果来看，与例 3 类似，得到的误符号率基本与理论近似值一致，然而在低信噪比时与理论近似值误差较大，在信噪比较高时，仿真得到的误比特率与理论近似值之间的误差缩小。

四、差分 PSK(DPSK) 及其性能

实际上在对 PSK 信号解调时，由于载波相位是从接收信号通过某些非线性运算提取的，因此会产生相位模糊的问题。载波相位估计中的相位模糊问题可以用下述方法克服：以前后相连的信号传输间的相位差来进行信息编码。例如，在二进制 PSK 中，信息比特 1 通过载波相位对前一载波相位 180° 相移来发送，信息比特 0 则是通过与前一载波相位相同发送。在四相 PSK 中，相继区间之间的相对相移 0° ，90° ，180° 和 270° ，分别对应于信息比特 00，01，11 和 10。这可以直接推广到 M > 4 的多相情况。由该编码处理产生的 PSK 信号称为差分编码 PSK 信号。

差分编码的相位调制信号的解调和检测是通过下述过程来完成的。检测器的接收信号被解调被检测成 M 个可能发送的相位中的一个。在检测器之后是一个比较简单的相位比较器，它比较相邻信号间隔上已解调信号的相位，以便提取信息。DPSK 的解调和检测如图 4-3 所示。

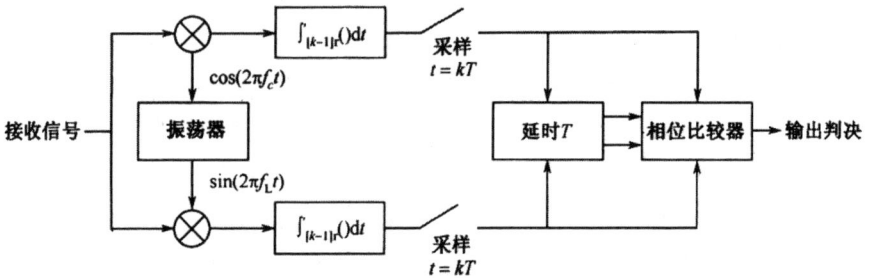

图 4-3   DPSK 解调器方框图

读者可以在数字通信的相关书籍中找到 DPSK 在 AWGN 信道的差错性能的详细推导,本书在此就不再给出。当 $M \geq 4$ 时,DPSK 的性能近似比 PSK 的差 3dB。而对二相 DPSK 来说,其差错概率是

$$P_2 = \frac{1}{2} \mathrm{e}^{-\frac{E_b}{N_0}}$$

可见,在高的 E_b / N_0 下,二相 DPSK 相对二相 PSK 来说损失小于 3dB。

例 5:假设消息数据序列经过 Gray 编码后分别是 [1 2 3 0 3 2 1 1],分别画出它们的 4-PSK 和 4-DPSK 调制信号波形。假设载波频率为 1Hz。

程序代码如下:

```
1.   clearall
2.   M=4;
3.   msg=[12303211];              % 消息信号
4.   ts=0.01;                     % 抽样时间间隔
5.   T=1;                         % 符号周期
6.   t=0:ts:T;                    % 符号持续时间矢量
7.   x=0:ts:length(msg);          % 所有符号的传输时间
8.   fc=1;                        % 载波频率
9.   c=sqrt(2)*exp(j*2*pi*fc*t);  %1 个符号周期内的载波波形
10.  msg_pak=pskmod(msg,M).';     % 基带 4-PSK 调制
11.  msg_dps=dpskmod(msg,M).';    % 基带 4-DPSK 调制
12.  tx_pak=real(msg_psk*c);      %4-PSK 载波调制
13.  tx_pak=reshape(tx_pak.',1,length(msg)*length(t));
14.  tx_dps=real(msg_dps*c);      %4-DPSK 载波调制
```

15. tx_dps=reshape(tx_dps.',1,length(msg)*length(t));

16. subplot(2,1,1)

17. plot(x,tx_pak(1:length(x)))

18. title('4-PSK 信号波形 ')

19. label(' 时间 t'),label(' 载波振幅 ')

20. subplot(2,1,2)

21. plot(x,tx_dps(1:length(x)))

22. title('4-DPSK 信号波形 ')

23. label(' 时间 t'),label(' 载波振幅 ')

说明：程序较简单，首先生成消息序列（第 3 行），然后生成载波信号（第 9 行），并分别对消息序列进行 4-PSK 和 4-DPSK 基带调制（第 10 ~ 11 行），然后进行载波调制（第 12 ~ 15 行），最后画出调制后的波形（第 16 ~ 23 行）。

例 6：用基带等效的方式仿真 8-DPSK 载波调制信号在 AWGN 信道下的误码率和误比特率性能，并与理论值相比较。

程序代码如下：

1. clear all

2. symbol=100000; 　　　　　% 每种信噪比下的发送符号数

3. M=8; 　　　　　　　　　　%8-DPSK

4. graycode=[0 1 2 3 6 7 4 5]; 　%Gray 编码规则

5. SsN0=5:20; 　　　　　　　% 信噪比 ,Es/N0

6. snr1=10.^(SsN0/10); 　　　% 信噪比转换为线性值

7. msg=randint(1,symbol,M); 　% 消息数据

8. msg1=graycode(msg+1); 　　%Gray 映射

9. msgmod=dpskmod(msg1,M); 　% 基带 8-DPSK 调制

10. slow=norm(msgmod).^2/symbol;% 求每个符号的平均功率

11. for indd=1:length(SsN0)

12. sigma=sqrt(slow/(2*snr1(indd)));% 根据符号功率求噪声功率

13. rx=msgmod+sigma*(rand(1,length(msgmod))+j*rand(1,length(msgmod)));

14. y=dpskdemos(rx,M); 　　　　%DPSK 解调

15. decmsg=graycode(y+1);

16. [err,ber(indd)]=biter(msg(2:end),decmsg(2:end),log2(M)); 　% 误比特率

17. [err,ser(indd)]=symerr(msg(2:end),decmsg(2:end)); 　　　% 误符号率

18.　end

19.　ser1=2*qfunc(sqrt(snr1)*sin(pi/M));　　% 理论误符号率

20.　ber1=1/log2(M)*ser1;　　　　% 理论误比特率

21.　semilog(SsN0,ber,'-ko',SsN0,ser,'-k+',SsN0,serl,SsN0,ber1,'-k');

22.　title('8–DPSK 载波调制信号在 AWGN 信道下的性能 ')

23.　label('Es/N0');label(' 误比特率和误符号率 ')

24.　legend(' 误比特率 ',' 误符号率 ',' 理论误符号率 ',' 理论误比特率 ')

因为采用了等效基带仿真的方法，所以程序比例 3 简化一些。在进行了基带 8-DPSK 调制后（第 9 行），直接加入了高斯白噪声（第 12、13 行），要注意的是这里需要添加的是复高斯白噪声，然后直接进行 8-DPSK 解调（第 14 行），第 19 ~ 20 行是计算理论误符号率和误比特率。其他代码请读者参考注释。

程序运行结果可以看出，仿真得到的误符号率与理论近似值比较吻合，误比特率在高信噪比时与理论近似值也比较接近。

例 7：用 Simulink 仿真 4-DPSK 信号在 AWGN 信道下的误码率和误比特率性能，并与理论值相比较。

在此也采用基带仿真的方式，其中，在 Tx 模块中，Random Integer Generator 的 M-ary number 设为 2，Sample time 设为 1/（2*SymbolRate)，其中，SymbolRate 代表符号速率，它将从工作区赋值，选中 Frame-based outputs，Sample per frame 设为 2*SymbolRate。Bit to Integer Converter 的 Number of bits per integer 设为 2，Data Mapper 的 Mapping mode 设为 Binary to Gray，Symbol set size(M)设为 4，在 M-DPSK Modular or Baseband 模块的参数设置中，把 M-ary number 设为 4，Phase offset 设为 0，Samples per symbol 设为 1。

在 Rx 模块中，M-DPSK Demodulator Baseband 模块的 M-ary number 设为 4，Phase offset 设为 0。Samples per symbol 设为 1。Data Mapper 的 Mapping mode 设为 Gray to Binary，Symbol set size(M) 设为 4。Integer to Bit Converter 的 Number of bit per integer 设为 2。

在 AWGN 信道模块中，Symbolperiod(s) 设为 1/SymboRate，Input signal power(watts) 设为 1，其他参数与例 4 相同。误符号率和误比特率统计模块中把 Computation mode 分别设为 SymbolRate 和 2*SymbolRate，其他参数与例 4 保持一致。

各模块参数设置完成后，把仿真时间设为 50000。设置完成后，把模型存盘，命名为 ex7.mal。

由于程序需要运行多次才能够得到信噪比与误比特率和误码率之间的关系，为此需编写如下的脚本程序：

```
1.   clear all
2.   M=4;                          %4-DPSK
3.   SsN0=0:15;                    %SNR 的范围
4.   SsN01=10.^(SsN0/10);
5.   SymbolRate=2;                 % 符号速率
6.   for Ii=1:length(SsN0)
7.   SNR=SsN0(Ii);                 % 赋值给 AWGN 信道模块中的 SNR
8.   sim('ex7');                   % 运行仿真模型
9.   ber(Ii)=BER(1);               % 保存本次仿真得到的 BER
10.  ser(Ii)=SER(1);              % 保存本次仿真得到的 SER
11.  end
12.  ser1=2*qfunc(sqrt(SsN01)*sin(pi/M));    % 理论误符号率
13.  ber1=1/log2(M)*ser1;         % 理论误比特率
14.  semilog(SsN0,ber,'-ko',SsN0,ser,'-k*',SsN0,ser1,SsN0,ber1,'-k.');
15.  title('4-DPSK 载波调制信号在 AWGN 信道下的性能 ')
16.  label('Es/N0');label(' 误比特率和误符号率 ')
17.  legend(' 误比特率 ',' 误符号率 ',' 理论误符号率 ',' 理论误比特率 )
```

代码同例 4 相似，就不再说明。

可以看出，近似的理论误符号率和误比特率是仿真结果的上限。

其他常用的相位调制方式还包括 π/4-QPSK、OQPSK 等，关于调制解调方法及性能分析请参考其他数字通信的相关书籍，本书在此就再不阐述。MATLAB 和 Simulink 提供了相应的函数和模块，可以用它们来完成相关的仿真。

第四节　正交幅度调制 (QAM)

正交幅度调制是一种频带利用率很高的数字调制方式，又称正交振幅键控，记作 QAM(Quadrature Amplitude Modularion)。既调幅又调相的多进制正交调幅 (MQAM——Mary QAM) 这种数字调制对多进制数字信息的表示是通过载波的不同幅度及不同相位来完成的。

一、QAM 信号的产生

QAM 信号使用两个正交载波 $\cos\left(2\pi f_c t\right)$ 和 $\sin\left(2\pi f_c t\right)$，相应的信号波形可以表示为

$$s_m\left(t\right) = \mathrm{Re}\left[\left(A_{mc} + jA_{ms}\right)g\left(t\right)\mathrm{e}^{j2\pi f_c t}\right]$$
$$= A_{mc}g\left(t\right)\cos\left(2\pi f_c t\right) - A_{ms}g\left(t\right)\sin\left(2\pi f_c t\right)$$
$$\left(m = 1, 2, \cdots, M, 0 \leqslant t \leqslant T\right)$$

式中，A_{mc} 和 A_{ms} 是承载信息的正交载波的信号幅度；$g\left(t\right)$ 是信号脉冲。

用另一种方法可将 QAM 信号波形表示为

$$s_m\left(t\right) = \mathrm{Re}\left[V_m \mathrm{e}^{j\theta m} g\left(t\right)\mathrm{e}^{j2\pi f_c t}\right] = V_m g\left(t\right)\cos\left(2\pi f_c t + \theta_m\right)$$

式中，$V_m = \sqrt{A_{mc}^2 + A_{ms}^2}$，$\theta_m = \tan^{-1}\left(\dfrac{A_{ms}}{A_{mc}}\right)$。该表达式表明，QAM 信号波形可以看作组合幅度和相位调制。图 4-4 所示为一个 16QAM 调制器的功能方框图。

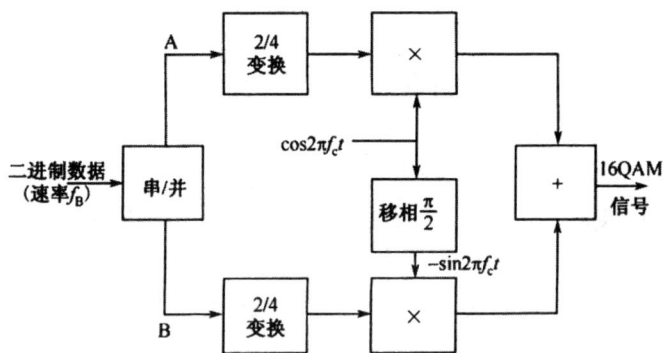

图 4-4　16QAM 调制器的功能方框图

输入二进制数据经串 / 并变换和 2/4 电平变换后得到双极性四电平码，再经过正交调制，即可以得到合成后的 16QAM 信号。

可以选择 M_1 个电平 PAM 和 M_2 个相位 PSK 的任意组合来构成一个 $M = M_1 M_2$ 的组合 PAM-PSK 信号星座图。如果 $M_1 = 2^n$ 及 $M_2 = 2^m$，则组合 PAM-PSK 信号星座图产生以下结果：以符号速率 $R / \left(m + n\right)$ 同时传输每个符号所包含的 $m + n = M_1 M_2$ 个二进制比特。组合 PAM-PSK 信号星座图的例子如图 4-5 所示，其中，$M = 8$ 及 $M = 16$。

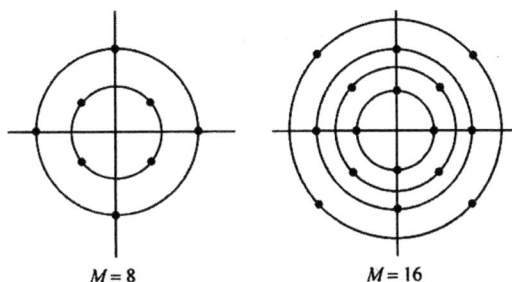

图 4-5　组合 PAM-PSK 信号的星座图

$M=8$　　$M=16$

与 PSK 信号的情况一样，QAM 信号的波形可以表示成两个标准正交信号波形 $\phi_1(t)$ 和 $\phi_2(t)$ 的线性组合，即

$$s_m(t)=s_{m1}\phi_1(t)+s_{m2}\phi_2(t)$$

$$\phi_1(t)=\sqrt{\frac{2}{E_g}}g(t)\cos(2\pi f_c t)$$

$$\phi_2(t)=\sqrt{\frac{2}{E_g}}g(t)\sin(2\pi f_c t)$$

且二维矢量 $s_m=[\,s_{m1}\,,\,\,s_{m2}\,]$ 为

$$s_m=\left[A_{mc}\sqrt{\frac{E_g}{2}},A_{ms}\sqrt{\frac{E_g}{2}}\right]$$

式中，E_g 是信号脉冲 $g(t)$ 的能量。

矩形 QAM 信号星座具有既容易生成也容易解调的特点。对于 $M\geq16$ 来说，该星座并不是最好的 M 元 QAM 信号星座，但是该星座所需要的平均发送功率仅稍大于最好的 M 元 QAM 信号星座所需的平均功率。由于这些原因，矩形 M 元 QAM 信号在实际中应用得最多。

二、QAM 信号的解调

在一个信号区间内接收到的 QAM 带通信号可以表示为

$$r(t)=s_m(t)+n(t)=s_m(t)+n_c(t)\cos(2\pi f_c t)-n_s(t)\sin(2\pi f_c t)$$

式中，$n_c(t)$ 和 $n_s(t)$ 是加性噪声的两个正交分量。

可以将接收信号与给出的 $\phi_1(t)$ 和 $\phi_2(t)$ 做相关，两个相关器的输出产生受噪声污损的信号分量，它们可以表示为

$$r=s_m+n=(A_{mc}+n_c,A_{ms}+n_s)$$

式中，n_c 和 n_s 定义为

$$n_c = \frac{1}{2}\int_0^T g(t)n_c(t)\,dt$$

$$n_s = \frac{1}{2}\int_0^T g(t)n_s(t)\,dt$$

式中：$n_c(t)$ 和 $n_s(t)$ 是零均值且互不相关的高斯随机过程，它们的方差为 $\frac{N_0}{2}$。QAM 经 AWGN 信道的最佳检测器计算距离测度，即

$$D(r,s_m) = |r - s_m|^2, m = 1,2,\cdots,M$$

并从信号集 $\{s_m\}$ 中选取距离测度最小的信号。

在矩形信号星座图中，$M = 2^k$，其中 k 是偶数，这个 QAM 信号等效于在正交载波上的两个 PAM 信号，其中每个都有 $\sqrt{M} = 2^{k/2}$ 个信号点。由于相位正交的信号分量用相干检测可以完全分开，所以 QAM 的差错概率很容易由 PAM 的差错概率确定。对于 M 电平的 QAM 系统，一个正确判决的概率为

$$P_c = \left(1 - P_{\sqrt{M}}\right)^2$$

式中，$P_{\sqrt{M}}$ 是在这个等效 PAM 系统的每个正交信号中具有一般平均功率的 $\sqrt{M}$ 电平 PAM 系统的差错概率，即

$$P_{\sqrt{M}} = 2\left(1 - \frac{1}{\sqrt{M}}\right)Q\left(\frac{3E_s}{(M-1)N_0}\right)$$

式中，E_s/N_0 是每个符号的平均 SNR。因此，对 M 电平 QAM 系统，一个符号差错概率为

$$P_M = 1 - (1 - P_{\sqrt{M}})^2$$

这个结果对 $M = 2^k$（其中 k 是偶数）是准确的，当 k 为奇数时，符号差错概率以下式为上界，即

$$P_{\sqrt{M}} \leqslant 4Q\left(\sqrt{\frac{3E_s}{(M-1)N_0}}\right)$$

三、QAM 信号的仿真

例 8：假设消息数据序列经过 Gray 编码后分别是 [1 4 3 0 7 5 2 6]，画出它们的 8QAM 调制信号波形和星座图。假设载波频率为 1Hz。程序代码如下：

1.　clear all
2.　M=8;

```
3.   msg=[1 4 3 0 7 5 2 6];              % 消息信号
4.   ts=0.01;                            % 抽样时间间隔
5.   T=1;                                % 符号周期
6.   t=0:ts:T;                           % 符号持续时间矢量
7.   x=0:ts:length(msg);                 % 所有符号的传输时间
8.   fc=1;                               % 载波频率
9.   c=sqrt(2)*exp(j*2*pi*fc*t);         %1 个符号周期内的载波波形
10.  msg_qom=qammod(msg,M).';            % 基带 8QAM 调制
11.  tx_qom=real(msg_qom*c);             %8QAM 载波调制
12.  tx_qom=reshape(tx_qom.',1,length(msg)*length(t));
13.  plot(x,tx_qom(1:length(x)))
14.  title('8QAM 信号波形 ')
15.  label(' 对间 t');label(' 载波振幅 ')
16.  scatterplot(msg_qom)
17.  title('8QAM 信号星座图 ')
18.  label(' 同相分量 '),label(' 正交分量 ')
```

程序较简单，首先生成消息序列（第 3 行），然后生成载波信号（第 9 行），并对消息序列进行 8QAM 基带调制（第 10 行），然后进行载波调制（第 11 行），最后分别画出调制后的波形和星座图（第 16 ~ 23 行）。

例 9：用基带等效的方式仿真 16QAM 载波调制信号在 AWGN 信道下的误码率和误比特率性能，并与理论值相比较。

程序代码如下：

```
1.   clear all
2.   symbol=100000;                      % 每种信噪比下的发送符号数
3.   M=16;                               %16QAM
4.   graycode=[0 1 3 2 4 5 7 6 12 13 15 14 8 9 11 10];        %Gray 编码规则
5.   SsN0=5:20;                          % 信噪比 ,Es/N0
6.   snr1=10.^(SsN0/10);                 % 信噪比转换为线性值
7.   msg=randint(1,symbol,M);            % 消息数据
8.   msg1=graycode(msg+1);               %Gray 映射
9.   msgmod=qammod(msg1,M);              % 基带 16QAM 调制
10.  slow=norm(msgmod).^2/symbol;% 求每个符号的平均功率
11.  for indd=1:length(SsN0)
```

12. sigma=sqrt(slow/(2*snr1(indd))); % 根据符号功率求噪声功率

13. rx=msgmod+sigma*(rand(1,length(msgmod))+J*rand(1,length(msgmod)));

14. y=qamdemos(rx,M);

15. decmsg=graycode(y+1);

16. [err,ber(indd)]=biter(msg,decmsg,log2(M));　　　% 误比特率

17. [err,ser(indd)]=symerr(msg,decmsg);　　　% 误符号率

18. end

19. P4=2*(1-1/sqrt(M))*qfunc(sqrt(3*snr1/(M-1)));

20. ser1=1-(1-P4),2;　　　　% 理论误符号率

21. ber1=1/log2(M)*ser1;　　　% 理论误比特率

22. semilog(SsN0,ber,'-ko',SsN0,ser,'-k*',SsN0,ser1,SsN0,ber1,'-k.');

23. title('16QAM 载波调制信号在 AWGN 信道下的性能 ')

24. label('Es/N0');label(' 误比特率和误符号率 ')

25. legend(' 误比特率 ',' 误符号率 ',' 理论误符号率 ',' 理论误比特率 ')

程序与例 5 类似，不同的是用 QAM 调制解调代替例 5 中的 DPSK 调制（第 9 行和第 14 行）。

第五节　载波频率调制 (FSK)

前面介绍的数字调制方法如 PAM，相干 PSK 以及 QAM 等都需要载波相位估计以实现相干检测，而相位稳定性对实现载波相位估计来说是必不可少的。载波频率调制是适合于缺乏相位稳定性的信道的数字调制方法之一。载波频率调制又称为频移键控 (FSK)。

一、FSK 信号的产生

考虑 M 个等能量、频率不同的正交信号波形，该信号可以表示为

$$s_m(t) = \text{Re}\left[s_{lm}(t)e^{j2\pi f_c t}\right]$$
$$= \sqrt{\frac{2E}{T}}\cos(2\pi f_c t + 2\pi m\Delta ft), m=0,1,\cdots,M-1, 0\leqslant t\leqslant T$$

式中，等效低通信号波形为

$$s_{lm}(t)=\sqrt{\frac{2E}{T}}e^{j2\pi m\Delta f}, m=0,1,\cdots,M-1, 0\leqslant t\leqslant T$$

式中，E 是每个符号的能量；而 Δf 是相继两个频率之间的频率间隔，即

$$\Delta f = f_m - f_{m-1}, m = 1, 2, \cdots, M - 1$$

而 $f_m = f_c + m\Delta f$。

这些波形的特征是具有相等的能量及互相关系数，即

$$\rho_{km} = \frac{1}{E}\int_0^T s_k(t)s_m(t)\mathrm{d}t = \frac{\sin\left[2\pi(k-m)\Delta fT\right]}{2\pi(k-m)\Delta fT}$$

ρ_{km} 作为频率间隔 Δf 的函数，其图形如图 4-6 所示。

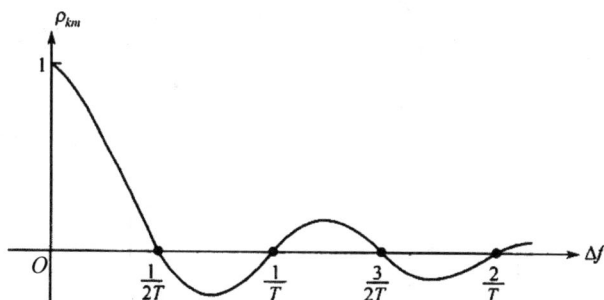

图 4-6　作为频率间隔的函数的 FSK 的信号的互相关系数

由图 4-6 可见，当 Δf 是 $1/(2T)$ 的倍数时，这些信号是正交的。所以对于正交性来说，相继频率之间的最小频率间隔是 $1/(2T)$。

对于 $\Delta f = 1/(2T)$ 的情况，MFSK 信号等价于 N 维矢量

$$s_0 = (\sqrt{E}, 0, \cdots, 0)$$
$$s_1 = (0, \sqrt{E}, \cdots, 0)$$
$$s_{M-1} = (0, 0, \cdots, 0, \sqrt{E})$$

式中，基函数是 $\phi_m(t) = \sqrt{2/T}\cos\left(2\pi\left(f_c + m\Delta f\right)t\right)$。

二、FSK 信号的解调

假设 FSK 信号是经由加性白高斯噪声信道传输的，并假设每个信号在通过信道传输时都产生了延时，这样在解调器输入端的滤波后的接收信号可以表示为

$$r(t) = \sqrt{\frac{E}{T}}\cos\left(2\pi f_c t + 2\pi m\Delta f t + \theta_m\right) + n(t)$$

式中，θ_m 代表第 m 个信号由于传输延时而产生的相移；$n(t)$ 代表加性带通噪

声，可以表示为

$$n(t) = n_c(t)\cos(2\pi f_c t) - n_s(t)\sin(2\pi f_c t)$$

FSK 的解调可以分为相干解调和非相干解调。在相干解调中，需要估计出 M 个载波相移 $\{\theta_m\}$，当 M 较大时，这将使相干解调变得非常复杂并且不切实际。因此，常用的解调方法是非相干解调。这种解调可按图 4-7 所示的原理来完成。

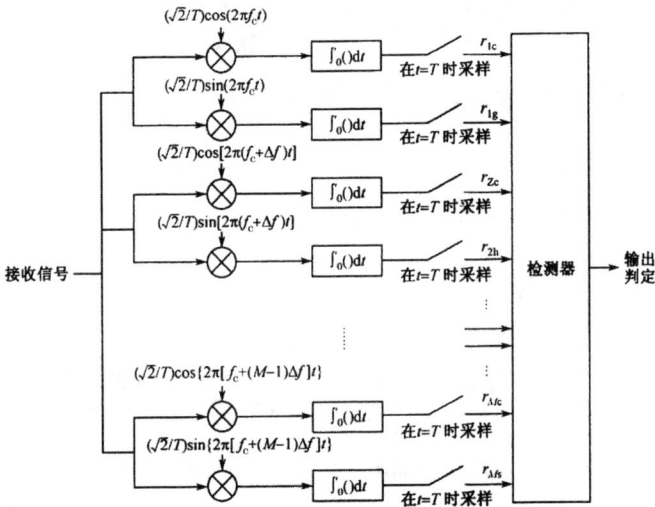

图 4-7   MFSK 信号的非相干解调

在非相干解调中，每个信号波形有两个相关器，总共有 $2M$ 个相关器。接收信号与基函数 $\phi_{mc}(t) = \sqrt{2/T}\cos\left[2\pi(f_c + m\Delta f)t\right]$ 和 $\phi_{ms}(t) = \sqrt{2/T}\sin\left[2\pi(f_c + m\Delta f)t\right]$ 做相关。$2M$ 个相关器的输出在信号区间的末端被采样并送至检测器。如果传输的是第 m 个信号，则在检测器输入的 $2M$ 个样本可以表示为

$$r_{kc} = \sqrt{E}\left(\frac{\sin(2\pi(k-m)\Delta fT)}{2\pi(k-m)\Delta fT}\cos\theta_m - \frac{\cos(2\pi(k-m)\Delta fT)-1}{2\pi(k-m)\Delta fT}\sin\theta_m\right) + n_{kc}$$

$$r_{ks} = \sqrt{E}\left(\frac{\cos(2\pi(k-m)\Delta fT)-1}{2\pi(k-m)\Delta fT}\cos\theta_m - \frac{\sin(2\pi(k-m)\Delta fT)}{2\pi(k-m)\Delta fT}\sin\theta_m\right) + n_{ks}$$

式中，n_{kc} 和 n_{ks} 代表在采样输出中的高斯噪声分量。

当 $k = m$ 时，对检测器的采样值为

$$r_{mc} = \sqrt{E}\cos\theta_m + n_{mc}$$

$$r_{ms} = \sqrt{E}\sin\theta_m + n_{ms}$$

当 $k \neq m$ 时，在样本 r_{kc} 和 r_{ks} 中的信号分量将是 0，只要相继频率之间的频率间隔是 $\Delta f = 1/T$ 就与相移 θ_m 的值无关。因此，其余 $2(M-1)$ 个相关器的输出仅由噪声组成。可以证明，$2M$ 个噪声样本 $\{n_{kc}\}$ 和 $\{n_{ks}\}$ 都是零均值、方差为 $\sigma^2 = \dfrac{N_0}{2}$ 且互不相关的高斯随机变量。

当传输的信号波形是等概率时，最佳检测器计算信号包络 $r_m = \sqrt{r_{mc}^2 + r_{ms}^2}$，并选出对应于集合 $\{r_m\}$ 的最大包络的信号。这种情况下的最佳检测器称为包络检测器。一种等效的检测器是计算平方包络 $r_m^2 = r_{mc}^2 + r_{ms}^2$，并选出对应于 $\{r_m^2\}$ 的最大值的信号。这种情况下的最佳检测器称为平方律检测器。

MFSK 信号的最佳包络检测器的符号差错概率可以表示为

$$P_M = \sum_{n=1}^{M-1} (-1)^{n+1} \binom{M-1}{n} \frac{1}{n+1} e^{-\frac{n}{n+1}\frac{E_s}{N_0}}$$

当 $M = 2$ 时，上式就变成二进制 FSK 的差错概率，即

$$P_2 = \frac{1}{2} e^{-\frac{1}{2}\frac{E_b}{N_0}}$$

对于 $M > 2$，比特差错概率与符号差错概率的关系是

$$P_b = \frac{M}{2(M-1)} P_M$$

三、FSK 信号的仿真

例 10：利用 MATLAB 函数 fskmod 画出采用 4-FSK 调制的 0:3 的调制信号波形，以及调制信号的频谱图。假设载波频率为 4Hz。符号持续时间为 1，每个符号内采样 60 个点。程序代码如下：

```
1.   clear all
2.   M=4;                                  %4-FSK
3.   T=1;                                  % 符号持续时间
4.   delta=1/T;                            %FSK 的频率间隔
5.   fs=60;                                % 采样频率
6.   ts=1/fs;                              % 采样时间间隔
7.   t=0:ts:T;                             % 一个符号周期的时间矢量
8.   fc=4;                                 % 载波频率
9.   msg=[0 1 3 2 randint(1,10000-M,M)];   % 消息序列
10.  msg_mod=iskmod(msg,M,delta,fs,fs);    %4-FSK 调制
```

```
11.  t1=0:ts:length(msg)-ts;              % 消息序列时间矢量
12.  y=real(msg_mod.*exp(j*2*pi*fc*t1));      % 载波调制
13.  subplot(2,1,1)
14.  plot(t1(1:4*fs),y(1:4*fs))           % 时域信号波形
15.  axis([04-1.5 1.5])
16.  title('4FSK 调制的信号波形 ')
17.  label(' 时间 ');label(' 振幅 ')
18.  1y=length(y);                       % 调制信号长度
19.  freq=[-fs/2:fs/ly:fs/2-fs/ly];
20.  Sty=10*log10(fftshift(abs(m(y)/fs)));      % 调制信号频谱
21.  subplot(2,1,2)
22.  plot(freq,Sty)
```

程序首先产生消息序列（第 9 行）然后用 fskmod 进行 4-FSK 基带调制（第 10 行），然后进行载波调制（第 12 行），然后是画出前 4 个调制符号的时域波形（第 13 ~ 16 行），最后画出整个消息序列的频谱（第 17 ~ 21 行）。

由程序运行结果可以看出，符号 0，1，3，2 对应的载波频率分别是 2.5Hz、3.5Hz、5.5Hz 和 4.5Hz。它们对称地分布在载波频率 4Hz 的两边。从调制信号的幅度谱也可以看出上述频率点的幅度谱有明显的峰值。

例 11：仿真比较 4QAM 和 4-FSK 调制信号在 Rayleigh 衰落信道下的误符号率和误比特率性能。假设 Rayleigh 衰落信道的最大多普勒频移为 100Hz。

程序代码如下：

```
1.   clear all
2.   symbol=10000;                      % 每种信噪比下的发送符号数
3.   SymbolRate=1000;                   % 符号速率
4.   samp=50;                          % 每个符号的取样点数
5.   fs=samp*SymbolRate;                % 取样频率
6.   fd=100;                           %Rayleigh 衰落信道的最大多普勒频移
7.   chan=rayleighchan(1/fs,fd);         % 生成 Rayleigh 衰落信道
8.   M=4;                             %4QAM 和 4-FSK
9.   graycode=[0 1 3 2];                %Gray 编码规则
10.  SsN0=0:2:20;                      % 信噪比 ,Es/N0
11.  Snr1=10.^(SsN0/10);               % 信噪比转换为线性值
12.  msg=randint(1,symbol,M);           % 消息数据序列
```

13. msg1=graycode(msg+1);   %Gray 映射

14. x1=qammod(magi,M);   % 基带 4QAM 调制

15. x1=rectpulse(x1,samp);

16. x2=fskmod(msg1,M,SymboiRate,samp,fs);   %4-FSK 调制

17. slow1=norm(x1).A2/symbol;   % 求 4QAM 信号每个符号的平均功率

18. slow2=norm(x2).A2/symbol;   % 求 4-FSK 信号每个符号的平均功率

19. forindd=1:length(SsN0)

20. sigma1=sqrt(slow1/(2*snr1(indd)));   % 根据符号功率求噪声功率

21. sigma2=sqrt(slow2/(2*snr1(indd)));

22. fadeSig1=filter(chan,x1);   %4QAM 信号通过 Rayleigh 衰落信道

23. fadeSig2=filter(chan,x2);   %4-FSK 信号通过 Rayleigh 衰落信道

24. rx1=fadeSig1+sigma1*(rand(1,length(x1)+j*rand(1,length(x1)));   % 加入高斯白噪声

25. rx2=fadeSig2+sigma2*(rand(1,length(x2))+j*rand(1,length(x2)));

26. y1=intdump(rx1,samp); % 相关

27. y1=qamdemos(y1,M);   %4QAM 信号解调

28. decmsg1=graycode(y1+1);   %Gray 逆映射

29. [err,ber1(indd)]=biter(msg,decmsg1,log2(M));   %4 < JAM 信号误比特率

30. [err,ser1(indd)]=symerr(msg,decmsg1);   %4QAM 信号误符号率

31. y2=fskdemos(rx2,M1SymbolRate,samp,fs);   %4 > FSK 信号解调

32. decmsg2=graycode(y2+1);   %Gray 逆映射

33. [err,ber2(indd)]=biter(msg4ecmsg2,log2(M));   %4-FSK 信号误比特率

34. [err,ser2(indd)]=symerr(msg,decmsg2);   %4-FSK 误符号率

35. end

36. semilog(SsN0,ser1,'-k*',SsN0,ber1,'-ko',SsN0,ser2'-kv',SsN0,ber2,'-k.');

37. title('4-QAM 和 4-FSK 调制信号在 Rayleigh 衰落信道下的性能 ')

38. label('Es/N0');label(' 误比特率和误符号率 ')

39. legend('4QAM 误符号率 ','4QAM 误比特率 ','4-FSK 误符号率 ','4-FSK 误比特率 ')

程序第 3 行定义了符号传输速率，第 4 行定义了每个符号的取样点数，第 5 行根据符号速率和每个符号的取样点数计算取样频率。第 7 行根据取样频率和最大多普勒频移生成了 Rayleigh 衰落信道。然后是分别对消息序列进行 4QAM 调制和 4-FSK 调制（第 14 ~ 16 行），第 22 ~ 25 行是把 4QAM 信号和

4-FSK 信号分别通过 Rayleigh 衰落信道并加入高斯白噪声，随后对信号进行解调并比较各自的误符号率和误比特率（第 26 ~ 34 行）。其他代码请读者参考注释。

由程序的运行结果可以看出，由于 Rayleigh 衰落信道引起的相位旋转使 4QAM 信号传输的性能恶化，并且随着信噪比的提高，性能没有任何改善。而 4-FSK 信号比 4QAM 信号的性能相对要好一些，并且随着信噪比的提高，性能也随之改善。这也验证了本小节一开始提到过的用 FSK 进行数字传输是一种适合于缺乏相位稳定性的信道的调制方法。

例 11 也可以用 Simulink 实现，此处不再赘述。

以上简单地介绍了几种常用的数字信号调制方法，它们都属于线性调制方法。除了线性调制方法外，还有一些非线性的调制方法，如 CPFSK，MSK 和 GMSK 调制等。在 MATLAB 和 Simulink 中也提供了这些调制方法的函数或模块。限于篇幅，本书在此无法一一给出它们的仿真实例，读者可以参考其他数字通信的教科书，自行完成这些调制信号的性能仿真。

小结

数字调制在数字通信系统中有着广泛的应用。本书介绍了数字调制中常见的几种调制方式：载波幅度调制 (PAM)、载波相位调制 (PSK)、正交幅度调制 (QAM) 以及载波频率调制 (FSK)。对它们的调制和解调方式以及在 AWGN 信道下的性能进行了简单的介绍，并给出了使用 MATLAB 和 Simulink 对这些调制方式进行仿真的实例。读者在认真学习的基础上可以加深对这些数字调制方式的理解，并在此基础上可以完成其他调制方式的性能仿真。

第五章　信道编码和交织

信道编码又称差错控制编码、可靠性编码、抗干扰编码或纠错码，它是提高数字信号传输可靠性的有效方法之一。它产生于 20 世纪 50 年代初，发展到 20 世纪 70 年代趋向成熟。本章将主要介绍常用的检错码、线性分组码、卷积码、Turbo 码和低密度校验码 (LDPC)，以及交织器的基本原理及其性能仿真。

第一节　概述

加性噪声、码间串扰等在数字信号的传输过程中，都可能引起误码。为了提高系统抗干扰性能，可加大发送功率，降低接收设备本身的噪声，合理选择调制解调方法等。另外，也可以运用信道编码技术。信道编码是为了降低误码率，提高和稳定数字通信的可靠性而使用的编码技术，它按一定的规则人为引入冗余度。具体来说，信道编码就是在发送端的信息码元序列中，以某种确定的编码规则，加入监督码元，在接收端再利用该规则进行检查识别，从而发现错误、纠正错误。

能发现错误的编码叫检错码；能纠正错误的编码叫纠错码。一般说来，纠错码一定能检错；反之，检错码不一定能纠错；或者说，同一个码，检错能力比纠错能力强。

一、差错控制方式

在数字通信系统中，利用纠错码或检错码进行差错控制的方式有三种：检错重发、前向纠错以及混合纠错。

（一）检错控制方式

检错重发又称自动请求重传方式，记作 ARQ(Automatic Repeat Request)。发送端发出能够发现（检测）错误的码，接收端收到通过信道传来的码后，在译码器根据该码的编码规则，判决收到的码序列中有无错误产生，如果发现错误，则通过反向信道把这一判决结果反馈给发送端。然后，发送端根据这些判决信号，把接收端认为有错误的信息再次传送，直到接收端认为正确接收为止。

（二）前向纠错方式

前向纠错方式记作 FEC(Forword Error Correction)。发送端发送能够被纠错的码，接收端收到这些码后，通过纠错译码器不仅能够自动地发现错误，而且能自动地纠正接收码字传输中的错误。这种方式的优点是不需要反馈信道，能进行一个用户对多个用户的同播通信，译码实时性较好。其缺点是译码设备比较复杂，所选用的纠错码必须与信道的干扰情况相匹配，因此对信道的适应性较差。在移动通信系统中，几乎都采用前向纠错的差错控制方式。

（三）混合纠错方式

混合纠错方式记作 HEC(Hybrid Error Correction) 是 FEC 和 ARQ 方式的结合，这种方式是发送端发送的码不仅能够被检测出错误，还具有一定的纠错能力。接收端收到码后，首先检查差错情况，如果在纠错码的纠错能力范围以内，则自动纠错，如果错误过多，超过了码的纠错能力，但能检测出来，则接收端通过反馈信道，要求发送端重新传送有错的消息。这种方式具有自动纠错和检错重法的优点，并可达到较低的误码率。因此，在实际中的应用越来越广。

二、纠错码的分类

按照不同的分类方法，纠错码可以分为线性码与非线性码、分组码与卷积码、检错码和纠错码等。

（一）线性码与非线性码

根据纠错码各码组信息和监督元的函数关系，可分为线性码和非线性码。如果函数关系是线性的，即满足一组线性方程式，则称为线性码，否则为非线性码。线性码集合中的所有码字在加法和乘法运算时是封闭的，而非线性码则不封闭。换言之，线性码实际上就是 n 维线性空间的一个 $k(k < n)$ 维子空间。目前大量使用的均为线性码。

（二）分组码与卷积码

根据码组中监督码元与信息码元相互关联的长度，可分为分组码和卷积码。分组码的各码元仅与本组的信息元有关；卷积码中的码元不仅与本组的信息元有关，还与前面若干组的信息元有关。

分组码把信息序列以 k 个码元分组，通过编码器将每组的 k 元信息按一定规律产生 r 个多余码元（称为校验元或监督元）输出长为 $n = k + r$ 的一个码字

（码组）。因此，每一码组的 r 个校验元仅与本组的信息元有关而与别组无关。分组码用 (n,k) 表示，n 为码长，k 表示信息位数目。

（三）检错码和纠错码

根据码的用途，可分为检错码和纠错码。检错码主要是以检错为基本目的，不一定具备纠错能力；而纠错码主要是以纠错为目的，具备一定的检错能力。

此外，按照码的结构特点，在分组码中可分为循环码、非循环码；根据纠（检）错误的类型来分，可以分为纠正随机错误的码、纠正突发错误的码和纠正同步错误的码；根据码元取值的进制来分，可分为二进制码和多进制码等。

三、编码效率

采用差错控制编码提高了通信系统的可靠性，但是以降低有效性为代价换来的。通常定义编码效率 R 来衡量有效性，即

$$R = k/n$$

式中，k 为一个码组中信息元的个数；n 为码长。

对纠错码的基本要求：检错和纠错能力尽量强；编码效率尽量高；编码规律尽量简单。实际中要根据具体指标要求，保证有一定纠、检错能力和编码效率，并且易于实现。

从 20 世纪 40 年代以来，相继提出了卷积码、乘积码、分组码、代数几何码、Turbo 码和低密度校验码 (LDPC) 等编码方法和序列译码、Viterbi 译码、软判决译码和迭代译码等译码方法，以及编码与调制相结合的 TCM 技术。其中，GSM 系统采用约束长度为 5、码率为 1/2 的卷积码，大多数太空检测器也采用卷积码。在 IS-95 系统中，上行链路采用约束长度为 9、码率为 1/3 的卷积码，下行链路采用长度为 9、码率为 1/2 的卷积码；Ruibo 码已在 3G 无线通信系统中获得采用，在 BPSK 调制方式下性能距 Shannon 极限仅有 0.1dB 的差距；而最近几年又重新热起来的 LDPC 码在 BPSK 调制方式下的性能距 Shannon 极限仅 0.07dB 的差距。

第二节　线性分组码

在 (n, k) 分组码中，若每一个监督元都是码组中某些信息元按模 2 和得到的，即监督元是信息元按线性关系相加而得到的，则称为线性分组码。或者说，

可用线性方程组表述码规律性的分组码称为线性分组码。线性分组码是一类重要的纠错码，应用很广泛，后面讨论的 Hamming 码、循环码、BCH 码和 RS 码都可以看作线性分组码的特例。

对于（n，k）线性分组码，生成矩阵是一个 $k \times n$ 的矩阵。设输入的信息为 $X = [X_1, X_2, \cdots, X_k]$，生成的码字为 $C = [C_1, C_2, \cdots, C_n]$，则 $C = XG$，其中 G 是生成矩阵。生成矩阵的各行矢量为码字空间的基底，由于基底的选择不是唯一的，所以，生成矩阵 G 的选择也不是唯一的。对于生成码字中前 k 位与信息完全相同的码称为系统码。对于系统码，其生成矩阵可以表示为（$G = [I_k P]$，I_k 为 $k \times k$ 的单位矩阵，P 为一个 $k \times (n-k)$ 的单位矩阵。

由于（n，k）线性分组码的生成矩阵 G 表示的是 n 维空间的一个 k 维子空间，因此存在一个 $n-k$ 维的子空间与 G 表示的子空间正交，称为子空间 G 的零化空间。可以用一个（$n-k$）$\times n$ 的矩阵 H 来表示这个零化空间。因此，有 $GH^T = 0$ 或 $HC^T = 0$。矩阵 H 称为（n，k）码的一致校验矩阵。校验矩阵一般用于译码器的译码过程。

若在接收端，接收信号为

$$Y = [Y_1, Y_2, \cdots, Y_n] = X + n = C \oplus e$$

式中，C 为发送的码组；$e = [e_1, e_2, \cdots, e_n]$ 为传输中的误码。由于 $HG^T = HG^T X^T = 0^T$，因此若传输中无差错，即 $e = 0$，则接收端必然要满足监督方程 $HC^T = 0^T$，若传输中有差错，即 $e \neq 0$，则接收端监督方程应改为

$$HY^T = H(C \oplus e)^T = HC^T \oplus He^T = He^T = S^T$$

由上式求得校正子 S 为

$$S = (S^T)^T = (HY^T)^T = YH^T = CH^T + eH^T = eH^T$$

上述公式被称为校正子方程，接收端利用它们来进行译码。其中 S 仅与 e 有关，而与码字 C 无关。由于 H 矩阵是一个 $n-k$ 行 n 列的矩阵，所以 S 是一个 $n-k$ 维矢量，它可以给出 $n-k$ 个独立的方程，然而传输的差错 e 则是一个 n 维矢量，有 n 个待定的值，所以 S 并不能唯一地确定 e。由某个给定的 S 可以有 2^k 个 e 的解，即同一个伴随式可以得到 2^k 个错误图样，而真正的错误图样应该是 2^k 中的一个，所以译码器必须从这 2^k 个候选错误矢量中判决出一个真正的错误矢量。为了使译码平均错误概率最小，在二进制对称信道的条件下，最可能的错误图样是译码 Hamming 重量最小的接收码组，即非零个数最小的码组。下面介绍实际中常用到的线性分组码及其性质。

一、Hamming 码

Hamming 码具有的共同特性是

$$(n,k) = \left(2^m - 1, 2^m - 1 - m\right)$$

式中，m 是大于等于 3 的正整数。例如，m =3 时，有（7，4)Hamming 码。

MATLAB 提供了生成 Hamming 码的函数 hammgen，以及用 Hamming 码进行编码、解码的 encode 和 decode 函数。

（一）h=hammgen(m)

h=hammgen(m) 产生一个 $m \times n$ 的 Hamming 校验矩阵 h，其中，$n = 2^m$ -1。需要注意的是，产生的校验矩阵为 h=[I P] 的形式，其中 I 是 $m \times m$ 的单位矩阵。

（二）[h，g]=hammgen(m)

[h，g]=hammgen(m) 产生一个 $m \times n$ 的 Hamming 校验矩阵 h 和与 h 相对应的生成矩阵 g。其中，$n = 2^m - 1$。h=[I P]，I 是 $m \times m$ 的单位矩阵。而 g=[P I]，其中 I 是（$n - m$）×（$n - m$）的单位矩阵，这与前面讨论的生成的矩阵形式不同。

（三）code=encode(msg,n,k,'type/dint') 或 code=encode(msg,n,k)

code=encode(msg,n,k,'type/dint') 可以进行一般的线性分组编码、循环编码和 Hamming 编码。所选用的编码方式由 type 指定。它的值可以是 linear、cyclic 或 hamming，分别对应上面提到的三种编码方式。fmt 参数取值可以是 binary 或 decimal，分别用来说明输入待编码数据是二进制还是十进制。当使用 code=encode(msg,n,k) 时，默认的是使用 Hamming 编码。

（四）msg=decode(code,n,k,'type/dint')

msg=decode(code,n,k,'type/dint') 用来对编码数据进行译码，其 type/dint 的取值与 encode 函数的 type/dint 的取值相对应。当使用 msg=decode(code,n,k) 时，默认的是对 Hamming 编码进行译码。

例 1：用 MATLAB 仿真（7，4)Hamming 码的编码及硬判决译码过程。

程序代码如下：

```
1.   clear all
2.   N=10;                    % 信息比特的行数
3.   n=7;                     %Hamming 码组长度 n=2^m−1
4.   m=3;                     % 监督位长度
```

```
5.    [H,G]=hammgen(m);           % 产生 (n,n-m)Hamming 码的生成矩阵
```
和校验矩阵

```
6.    x=randint(N,n-m);           % 产生比特数据
7.    y=mod(x*G,2);               %Hamming 编码
8.    y1=mod(y+randerr(N,n),2);   % 在每个编码码组中引入一个随机比特
```
错误

```
9.    mat1=eye(n);                % 生成 n*n 的单位矩阵, 其中每一行中
```
的 1 代表错误比特位置

```
10.  errvec=mat1*H.';             % 校验结果对应的所有错误矢量
11.  y2=mod(y1*H.',2);            % 译码
12.  % 根据译码结果对应的错误矢量找出错误比特的位置, 并纠错
13.  for indd=1:N
14.      for indd1=1:n
15.          if(y2(indd,:)==errvec(indd1,:))
16.              y1(indd,:)=mod(y1(indd,:)+mat1(indd1,:),2);
17.          end
18.      end
19.  end
20.  x_dec=y1(:,m+1:end);         % 恢复原始信息比特
21.  s=find(x ~ =x_dec)           % 纠错后的信息比特与原始信息比特
```
对比

　　程序的第 3, 4 行分别定义了 Hamming 参数, 第 5 行生成 Hamming 码的生成矩阵和校验矩阵。第 7 行是用生成矩阵进行 Hamming 编码, 第 8 行在生成的每一个码组中引入随机的 1 比特错误。第 9, 10 行生成校验结果所对应的所有错误矢量, 第 11 行是对存在错误的码组进行译码。第 13 ~ 19 行是根据译码结果找出码组中错误比特的位置, 并进行纠错。

　　第 20 行是恢复原来的信息比特。最后是纠错后的译码结果与原始信息比特序列进行对比, 看二者是否相同。

　　程序的运行结果如下:

　　S=

　　　　Empty matrix:0-by-1

　　说明纠错后的译码结果与原始信息完全相同。读者也可以通过查看 x 和 x_dec 的值进行验证。

例2：仿真未编码和进行（7，4)Hamming 编码的 QPSK 调制通过 AWGN 信道后的误比特率性能。

程序代码如下：

```
1.  clear all
2.  N=1000000;                  % 信息比特行数
3.  M=4;                        %QPSK 调制
4.  n=7;                        %Hamming 编码码组长度
5.  m=3;                        %Hamming 码监督位长度
6.  graycode=[0 1 3 2];
7.
8.  msg=randint(N,n-m);         % 信息比特
9.  msg1=reshape(msg.',log2(M),N*(n-m)/log2(M)).';
10. msg1_de=bi2de(msg1,'left-msb');       % 信息比特转换为十进制形式
11. msg1=graycode(msg1_de+1);   %Gray 编码
12. msg1=Pskmod(msg1,M);        %QPSK 调制
13. Eb1=norm(msg1).^2/(N*(n-m));  % 计算比特能量
14. msg2=encode(msg,n,n-m);     %Hamming 编码
15. msg2=reshape(msg2.',Jog2(M),N*n/log2(M)).';
16. msg2=bi2de(msg2,'left-msb');
17. msg2=graycode(msg2+1);      %Hamming 编码后的比特序列转换为十
进制形式
18. msg2=pskmod(msg2,M);        %Hamming 编码数据进行 QPSK 调制
19. Eb2=norm(msg2).^2/(N*(n-m));  % 计算比特能量
20. EbN0=0:10;                  % 信噪比
21. EbN0_lin=10.A(EbN0/10);     % 信噪比的线性值
22. for indd=1:length(EbN0_lin)
23. sigma1=sqrt(Cbl/(2*EbN0_Un(indd)));   % 未编码的噪声标准差
24. rx1=msg1+sigma1*(rand(1,length(msg1))+j*rand(1,length(msg1))); % 加入
高斯白噪声
25. y1=pskdemos(rx1,M);        % 未编码的 QPSK 解调
26. y1_de=gravccxie(y1+1);     % 未编码的 Gray 逆映射
27. [errber1(indd)]=biter(msg1_de.',y1_de,log2(M));   % 未编码的误比特率
```

28.

29.　sigma2=sqrt(Eb2/(2*EbN_lin(indd)));　　% 编码的噪声标准差

30.　rx2=msg2+sigma2*(rand(1,length(msg2))+j*rand(1,length(msg2))); % 加入高斯白噪声

31.　y2=pskdemos(rx2,M);　　　　　　% 编码 QPSK 解调

32.　y2=graycode(y2+1);　　　　　　% 编码 Gray 逆映射

33.　y2=de2bi(y2,'left−msb');

34.　y2=reshape(y2.',n,N).';　　　　% 转换为二进制形式

35.　y2=decode(y2,n,n−m);　　　　　% 译码

36.　[err ber2(indd)]=biter(msg,y2); % 编码的误比特率

37.

38.　end

39.　semilog(EbN0,ber1,'−ko',EbN0,ber2,'−k*');

40.　legend(' 未编码 ','Hamming(7,4) 编码 ')

41.　title(' 未编码和 Hamming(7,4) 编码的 QPSK 在 AWGN 下的性能 ')

42.　label('Eb/N0');label(' 误比特率 ')

第 1 ~ 6 行分别是设置相关参数，第 8 ~ 12 行是进行不编码的 QPSK 调制，第 14 ~ 18 行是进行 Hamming 编码并进行 QPSK 调制。第 23 ~ 27 行是对未编码过程的解调和误比特率统计过程，第 29 ~ 36 是对 Hamming 编码进行解调并进行译码的过程。第 39 ~ 42 行是画出各自的误比特率。

由程序运行结果可以看出，在信噪比较低时（ E_b / N_0 < 6dB），不编码的误比特率要好于编码的误比特率，这是因为编码虽然可以带来编码增益，但在传输总能量不变的情况下，由于传输每个编码码字中的比特能量减少，信噪比降低，而使误码率升高，而此时编码增益很小，因此编码结果反而不如不编码的结果。而在信噪比较高时，编码增益要大于信噪比降低而导致的性能损失，因此这时，编码结果要优于不编码的结果。在这个例子中仅采用了能纠正一位错误比特的编码方法，如果采用能纠正多位错误比特的编码方法，编码增益要更大。

Simulink 中也提供了 Hamming 编码、译码模块，也可以用 Simulink 来完成例2。

例 3：用 Simulink 重新仿真例 2。

在 Tx 子系统中，Bernoulli Binary Generator 的 Sampletime 设为 1/（2*SymbolRate），其中，SymbolRate 代表符号速率，它将从工作区赋值，选中 Frame−based outputs，

Sample per frame 设为 4，因为后面的 Hamming Encoder 编码模块要求以 4 个比特为一帧作为输入。Hamming Encoder 模块位于 Communications Blockset → Error Detectionand Correction → Block 模块库中，它的参数设置采用默认值即可。Buffer 模块的 Outputbuffersize(perchannel) 设为 2，其他参数采用默认值。在 QPSK Modularor Baseband 模块的参数设置中，Input type 设为 Bit，Constellation ordering 设为 Gray，这样就可以不用经过比特到整数的映射模块，直接根据输入的比特进行调制。

在 Rx 子系统中，QPSK Demodulator Baseband 模块参数设置与 Tx 模块中的一致。因为经过 Hamming 编码后，一帧数据由原来的 4 个变为 7 个。而 QPSK 调制时，是以两个比特为一组进行调制的，所以，进行译码时要重新恢复 7 个比特为一帧数据。这个功能是通过 Unbuffer，Delay 和 Buffer 三个模块共同完成的。Unbuffer 模块的功能是把 QPSK 模块的输出数据由帧形式转换为抽样数据形式。Delay 模块位于 Signal Processing Blockset → Signal Operations 模块库中，它的 Delayunits 设为 Samples，Delay(samples) 设为 5。Buffer 模块的 Out buffer size(perchannel) 设为 7。Hamming Decoder 模块的参数采用默认值。

在 AWGN 信道模块中，Mode 设为 Signaltonoiseratio(Eb/No)，Eb/No(dB) 设为 SNR，Numberofbitspersymbol 设为 2，Inputsignalpower(watts) 设为 1，Symbolperiod (8) 设为 1/SymboRate。与 Rx 子系统 Code1 相连的误比特率统计模块中把 Receive delay 设为 8，Variable name 设为 BER2。与 encode1 相连的误比特率统计模块中，Variable name 设为 BER1，其他参数采用默认值。

各模块参数设置完成后，把仿真时间设为 10。设置完成后，把模型存盘，命名为 ex3.mal。

由于程序需要运行多次才能够得到信噪比与误比特率之间的关系，为此需编写如下的脚本程序：

```
1.  clear all
2.  EbN0=0:10;                  %SNR 的范围
3.  SymbolRate=50000;           % 符号速率
4.  for Ii=1:length(EbN)
5.  SNR=EbN0(Ii);               % 赋值给 AWGN 信道模块中的 SNR
6.  sim('ex3');                 % 运行仿真模型
7.  ber1(Ii)=BER1(1);           % 保存本次仿真未编码得到的 BER
8.  ber2(Ii)=BER2(1);           % 保存本次仿真 Hamming 编码得到的 BER
9.  end
```

10.　semilog(EbN0,ber1,'-ko',EbN0,ber2,'-k*');

11.　legend(' 未编码 ','Hamming(7,4) 编码 ')

12.　title(未编码和 Hamming(7,4) 编码的 QPSK 在 AWGN 下的性能)

13.　label('Eb/N0);label(' 误比特率 ')

代码同以前的例子相似，就不再说明。

二、循环码

循环码 (CyclicCode) 是一类重要的线性分组码，它除了具有线性码的一般性质外，还具有循环性，即循环码许用码组集合中任一码字循环移位所得的码字仍为该码组集合中的一个码字。循环码的两个最引人注目的特点是：

（1）可以用反馈线性移位寄存器很容易地实现其编码和伴随式计算。

（2）由于循环码有许多固有的代数结构，从而可以找到各种简单实用的译码方法。

目前，发现的许多线性分组码都与循环码密切相关。由于循环码具有众多的良好性质，所以它在理论和实用中都是十分重要的。表 5-1 中给出一种 $(7,3)$ 循环码全部码字。

表 5-1　（7，3) 循环码

序号	码字	序号	码字
0	0 0 0 0 0 0 0	4	1 0 0 1 1 1 0
1	0 0 1 1 1 0 1	5	1 0 1 0 0 1 1
2	0 1 0 0 1 1 1	6	1 1 0 1 0 0 1
3	0 1 1 1 0 1 0		

在代数理论中，为了便于计算，常用码多项式表示码字。$(n，k)$ 循环码的码字，其码多项式（以降幂顺序排列）为

$$A(x) = c_{n-1}x^{n-1} + c_{n-2}x^{n-2} + \cdots + c_1x + c_0$$

如表 5-1 中第 4 号码字就可以表示为 $A_4(x) = x^6+x^3+x^2+x$。可见，对于二进制码，多项式的系数不是 0 就是 1。

如果一种码的所有码多项式都是多项式 $g(x)$ 的倍式，则称 $g(x)$ 为该码的生成多项式。在 $(n，k)$ 循环码中，任意码多项式 $A_4(x)$ 都是最低次码多项式

的倍式。如表 5-1 的（7，3）循环码中，则

$$g(x) = A_1(x) = x^4 + x^3 + x^2 + 1$$

其他码多项式都是 $g(x)$ 倍式，即

$$A_0(x) = 0 \cdot g(x)$$
$$A_2(x) = (x+1) \cdot g(x)$$
$$A_3(x) = x \cdot g(x)$$
$$\vdots$$
$$A_7(x) = x^2 \cdot g(x)$$

因此，循环码中次数最低的多项式（全 0 码字除外）就是生成多项式 $g(x)$。可以证明，$g(x)$ 是常数项为 1 的 $r = n - k$ 次多项式，是 $x^n + 1$ 的因式。

循环码的生成矩阵常用多项式的形式来表示，即

$$G(x) = \begin{bmatrix} x^{k-1}g(x) \\ x^{k-2}g(x) \\ xg(x) \\ g(x) \end{bmatrix}$$

式中，$g(x) = x^r + g_{r-1}x^{r-1} + \cdots + g_1 x + 1$。

如（7，3）循环码，$n=7$，$k=3$，$r=4$，其生成多项式及生成矩阵分别为

$$g(x) = A_1(x) = x^4 + x^3 + x^2 + 1$$

$$G(x) = \begin{bmatrix} x^2 g(x) \\ xg(x) \\ g(x) \end{bmatrix} \begin{bmatrix} x^6 + x^5 + x^4 + x^2 \\ x^5 + x^4 + x^3 + x \\ x^4 + x^3 + x^2 + 1 \end{bmatrix} \quad G = \begin{bmatrix} 1110100 \\ 0111010 \\ 0011101 \end{bmatrix}$$

为了便于对循环码编译，通常还定义监督多项式，令

$$h(x) = \frac{x^n + 1}{g(x)} = x^k + h_{k-1}x^{k-1} + h_1 x + 1$$

式中，$g(x)$ 是常数项为 1 的 r 次多项式，即生成多项式；$h(x)$ 是常数项为 1 的 k 次多项式，称为监督多项式。

同理可得监督矩阵 $H(x)$，即

$$H(x) = \begin{bmatrix} x^{n-r-1}h^*(x) \\ \vdots \\ xh^*(x) \\ h^*(x) \end{bmatrix}$$

式中：

$$h^*(x) = x^k h(x^{-1}) = x^k + h_1 x^{k-1} + h_2 x^{k-2} + \cdots + h_{k-1} x + 1$$

$h*(x)$ 称为 $h(x)$ 的逆多项式。

例如（7，3）循环码，$g(x) = x^4 + x^3 + x^2 + x$，则

$$h(x) = \frac{x' + 1}{g(x)} = x^3 + x^2 + 1 \qquad h^*(x) = x^3 h(x^{-1}) = x^3 + x + 1$$

$$H(x) = \begin{bmatrix} x^6 + x^5 + x^3 \\ x^5 + x^3 + x^2 \\ x^4 + x^2 + x \\ x^3 + x + 1 \end{bmatrix}$$

即

$$H = \begin{bmatrix} 1011000 \\ 0101100 \\ 0010110 \\ 0001011 \end{bmatrix}$$

MATLAB 提供的用来进行循环编码的函数是 cyclpoly 和 cycgen。在使用时首先需要使用 cyclpoly 生成循环码的生成多项式，然后再用 cycgen 生成循环码的生成矩阵和校验矩阵。

pol=cyclpoly(n,k)

pol=cyclpoly(n,k) 用来生成 (n,k) 循环码的生成多项式。

[h,g]=cyclgen(n,pol)

[h,g]=cyclgen(n,pol) 用 pol 生成多项式生成循环码的生成矩阵 g 和校验矩阵 h。

此外，也可以使用 encode 直接进行循环码的编码。只要把 encode 的"type"参数指定为"cyclic"即可。在使用 decode 进行循环码的译码时，也需要指定 decode 的"type"参数为"cyclic"。例 4 分别使用 cyclgen 和 encode 实现（3,2）循环码编码，并加入噪声，使用 decode 对二者进行解码，比较结果。

程序代码如下：

1.　clear all
2.　n=3;k=2;　　　　　　　　　%A(3,2) 循环码
3.　N=10000;　　　　　　　　　% 消息比特的行数
4.　msg=ranaint(N,k);　　　　　% 消息比特共 N*k 行

5.   pol=cyclpoly(n,k);   % 循环码的生成多项式

6.   [h,g]=cyclgen(n,pol);   % 生成循环码

7.   code1=encode(msg " nIc,'cyctic/mary'); % 循环码编码

8.   code2=mod(msg*g,2);

9.   noisy=randerr(N,n,[0 1;0.7 0.3]); % 噪声

10.   noisycode1=mod(code1+noisy,2);%加入噪声

11.   noisycode2=mcl(code2+noisy,2);

12.   newmsg1=decode(noisycode1,n,k,'cyclic');   % 译码

13.   newmsg2=decode(noisyccxie2,nIc,'cyclic');

14.   [number,ratio1]=biter(newmsg1,msg);   % 误比特率

15.   [number,ratio2]=biter(newmsg2,msg);

16.   dsp(['The bit error rate1 is',num2str(ratio1)])

17.   dsp(['The bit error rate2 is',num2str(ratio2)])

程序代码比较简单，参考注释即可。

程序运行结果如下：

The bit error rate1 is 0.09955

The bit error rate2 is 0.09955

说明：用 cyclgen 函数和 encode 函数产生的循环码完全一致。

Simulink 中也提供了循环码编码和解码模块，它们的用法与 Hamming 码模块类似，此处就不再赘述。

三、BCH 码

BCH(Bose Chaudhuri Hocquenghem) 码是循环码中的一个大类，它可以是二进制码，也可以是非二进制码。二进制 BCH 码的构造可具有下列参数，即

$$n = 2^m - 1$$
$$n - k \leqslant mt$$
$$d_{min} = 2t + 1$$

式中，$m(m \geqslant 3)$ 和 t 是任意正整数。这类二进制 BCH 码为通信系统设计者们在码长和码率方面提供了很大的选择余地。非二进制 BCH 码包括非常有用的里德－所罗门 (Reed-Solomon) 码，该码将在下一小节介绍。

MATLAB 提供的与 BCH 编码解码相关的函数是 bchgenpoly，bchenc 和 bchdec。

[genpoly,t]=bchgenpoly(n,k)

　　[genpoly,t]=bchgenpoly(n,k) 用来生成 (n, k) BCH 码的生成多项式 genploy 及纠错能力 t。

　　code=bchenc(msg,n,k)

　　code=bchenc(msg,n,k) 将消息 msg 以 (n,k) 的 BCH 码结构进行编码，其中 msg 是一个二进制 Galois 数组。msg 的每行代表一个消息字。

　　decoded=bchdec(code,n,k)

　　decoded=bchdec(code,n,k) 用来对 BCH 编码的码字进行译码。

　　例 5：使用 gchgenpIoy 得到（15，5)BCH 码的纠错能力，并用（15，5）BCH 码来进行编码和译码。

　　程序代码如下：

```
1.    m=4;n=2^m-1;              % 码字长度
2.    k=5;                      % 消息长度
3.    N=100;                    % 消息比特行数
4.    msg=ranaint(N,k);         % 消息比持
5.    [genpoly,t]=bchgenpoly(n,k);   %(15,5)BCH 码的纠错能力
6.
7.    code=bchenc(gf(msg),n,k);      %BCH 编码
8.    noisycode=code+randerr(N,n,1:t);        % 每个码字加入不超过纠错能
力的误码
9.    [newmsg,err,ccode]=bchdec(noisycode,n,k);         %BCH 译码
10.   if ccode==code
11.   dsp(' 所有错误比特都被纠正。')
12.   end
13.   if newmsg-=msg
14.   dsp(' 译码消息与原消息相同。')
15.   end
```

　　程序首先生成消息比特（第 4 行），然后得出（15，5）BCH 码的纠错能力（第 5 行），随后对消息比特进行 BCH 编码（第 7 行），并对编码后的码字加入不超过纠错能力的误比特，对包含误比特的编码消息进行译码（第 9 行），最后比较原始编码消息与纠错后的编码消息，以及译码后得到的消息比特与原消息比特是否一致。

程序的运行结果如下：

所有错误比特都被纠正。

译码消息与原消息相同。

Simulink 中也提供了 BCH 编码和解码模块，它们的用法与 Hamming 码模块类似，此处也不再赘述。

四、RS 码

RS 码是一类具有很强纠错能力的多进制 BCH 码，首先由里德 (Reed) 和所罗门 (Solomon) 提出，故简称为 RS 码。在线性分组码中，它的纠错能力和编码效率是最高的。相比其他线性分组码而言，在同样的编码效率下，RS 码的纠错能力是特别强的，特别是在短的中等码长下，其性能接近于理论值，它不但可以纠正随机错误、突发错误及两者的结合，而且可以用来构造其他码类，如级联码。因此，RS 码被广泛运用到各种通信系统中。例如，日本的 BEST 纠错码是（272，190）大数逻辑码，可以纠正 8 个错误比特，编码效率是 69%；如果利用 GF（2^6）域上的 RS（224，200）码则可以纠正 12 个比特的错误，编码效率可达 89%。

RS（n，k）码可以由 m、n 和 k 三个参数表示，其中 m 表示码元符号取自域 GF（2^m），n 为码字长度，k 为信息段长度。对于一个可以纠正 t 个符号错误的 RS 码，有如下参数：

（1）码字长度：$n = 2^m - 1$ 个符号或 m（$2^m - 1$）个比特。

（2）信息段：k（$k = 1$，2，…，$n - 1$）个符号或 km 个比特。

（3）监督位：$2t = n - k$ 个符号或 $2mt = m$（$n - k$）个比特。

（4）最小码矩：$d_{min} = 2t + 1$ 个符号，或 $md_{min} = m$（$2t + 1$）个比特。

例如，对 RS(204，188) 码来说，源数据被分割为 188 个符号一组，经过编码变换后，成为 204 个符号长度的码字。长度为 16 个符号的监督位可以保证纠正码字中出现得最多 8 个符号错误。

RS 码的基本思想就是选择一个合适的生成多项式 $g(x)$，并且使得对每个信息段计算得到的码字多项式都是 $g(x)$ 的倍式，即使得码字多项式除以 $g(x)$ 的余式为 0。这样，如果接收到的码字多项式除以 $g(x)$ 的余式不是 0，则可以知道接收的码字中存在错误；而且通过进一步的计算可以纠正最多 $t=(n-k)/2$ 个错误。

RS 码生成多项式一般按如下公式选择，即

$$g(x) = (x-a)(x-a^2)\cdots(x-a^{2t}) = \prod_{i=1}^{2t}(x-a^i)$$

式中，a^i 是 GF(2^m) 中的一个元素。如果用 $d(x)$ 表示信息段多项式，则可以按如下方式构造码字多项式 $c(x)$。首先计算商式 $h(x)$ 和余式 $r(x)$，得

$$x^{n-k}d(x)/g(x) = h(x)g(x) + r(x)$$

取余式 $r(x)$ 作为校验字，然后令

$$c(x) = x^{n-k}d(x) + r(x)$$

即将信息位放置于码字的前半部分，监督位放置于码字的后半部分，则

$$c(x)/g(x) = x^{n-k}d(x)/g(x) + r(x)/g(x)$$
$$= h(x)g(x) + r(x) + r(x) = h(x)g(x)$$

因此，码字多项式 $c(x)$ 必可被生成多项式 $g(x)$ 整除。如果在接收端检测到余式不为 0，则可判断接收到的码字有错误。由于这种 RS 码能够纠正 t 个 m 进制的错误码字，所以，RS 码特别适用于有突发错误的信道。

以 RS(7，3) 码为例介绍一下 RS 码的编码过程。RS(7，3) 码利用 3 个信息符号得到长度为 7 的编码，码元符号取自域 GF(2^3)，即 m =3。域 GF(2^3) 的本原多项式为 $a^3 + a + 1$，RS 码的生成多项式为 $g(x) = x^4 + 3x^3 + x^2 + x + 2x + 3$。假设输入符号为 [4 0 6]，则信息段多项式 $d(x) = 4x^2 + 6$。生成码字的过程如下：

（1）由于码元符号取自域 GF(2^3)，所以一个符号可以由 3 个比特表示，$x^4 d(x)$ 的二进制比特表示为 [100 000 110 000 000 000 000]；

（2）$g(x)$ 的二进制比特表示为 [001 011 001 010 011]；

（3）计算 $x^{n-k} d(x) / g(x)$ 得到的余式 $r(x)$ 的二进制比特表示为 [100 010 010 000]，因此，校验位为 [4 2 2 0]；

（4）生成的码字即为 [4 0 6 4 2 2 0]。

MATLAB 提供了 RS 码的编码函数 rsenc 和译码函数 rsdec。

code=rsenc(msg,n,k)

code=rsenc(msg,n,k) 将消息以 (n, k) 的 RS 码结构进行编码，其中 msg 是一个 Galois 数组的符号，每个符号都有 m 个比特。msg 的每行代表一个消息字。

code=rsenc(msg,n,k,genpoly)

除了参数 genpoly，该函数的使用与上面的一样。参数 genpoly 用于指定 RS 码的生成多项式，以 Galois 的行矢量形式给出系数。

decoded=rsdec(code,n,k)，decoded=rsdec(code,n,k,genpoly)

它们分别对应于上面两个编码函数的译码，其参数与 RS 码函数一致。

例 6：使用 MATLAB 函数仿真（15，11）RS 码通过二进制对称信道后的

性能。假设每个符号的比特数是 4，二进制对称信道的误比特率是 0.01。

程序代码如下：

```
1.   clear all
2.   m=4;                          % 每个信息符号包含的比特数
3.   n=15;                         % 码字长度
4.   k=11;                         % 码字中的信息符号数
5.   t=(n-k)/2;                    % 码的纠错能力
6.   N=1000;                       % 信息符号的行数
7.   msg=randint(N,k,2^m);         % 信息符号
8.   msg1=gf(msg,m);
9.   msg1=rsenc(msg1,n,k).';       %(15,11)RS 编码
10.  msg2=de2bi(double(msg1.x),'left-msb'); % 转换为二进制
11.  y=gsc(msg2,0.01);            % 通过二进制对称信道
12.  y=bi2de(y,'left-msb');        % 转换为 10 进制
13.  y=reshape(y,n,N).';
14.  dec_x=rsdec(gf(y,4),n,k);     %RS 解码
15.  [err,ber]=biter(msg,double(dec_x.x),m)    % 解码后的误比特率
```

程序首先生成信息符号（第 7 行），然后进行 RS 编码（第 9 行），第 10 行把编码后的符号转换为对应的二进制比特，随后通过二进制对称信道（第 11 行），gsc 的第 2 个参数是二进制对称信道的误比特率。第 12 ~ 15 行是把通过信道后比特转换成符号，进行 RS 解码，并统计解码后的误比特率。

程序的运行结果如下：

err=

　　77

ber=

　　0.0018

从运行结果可以看出，RS 译码的误比特率为 0.0018，相比译码前的误比特率 0.01，下降了一个数量级。

Simulink 中也提供了二进制和多进制的 RS 编码、译码模块。二进制模块的使用方法与例 3 类似，下面给出多进制 RS 编、解码模块的使用示例。

例 7：用 berawn 函数得到 16QAM 调制未编码情况下的 AWGN 信道误比特率性能，假设信道是二进制对称信道，用 Simulink 仿真采用 RS(15，11) 编码后

的误比特率性能随信道误比特率的变化情况。E_b / N_0 的范围是 0 ～ 10dB。

在 Tx 子系统中，Random Integer Generator 的 M-ary number 设为 16，Sample time 设为 1/110000，选中 Frame-based outputs，Sample per frame 设为 11，因为，后面的 Integer-Input RS Encoder 模块要求以 11 个符号为一帧作为输入。Integer-Input RS Encoder 模块位于 "Communications Blockset" → "Error Detectionand Correction" → "Block" 模块库中，在它的参数设置中，Codeword length N 设为 15，Message length K 设为 11，本原多项式和生成多项式采用默认值。为了使编码信号能够通过二进制对称信道，还应该把每帧数据中的整数转换成二进制序列。Frame Status Conversion3 模块把帧格式的列矢量转换成抽样格式的列矢量，再由 MATLAB 函数模块 (MATLAB Fen) 中的 de2bi(u,4,'left-mab') 把每个抽样转换成 4 位二进制数。同时为了统计误比特率，还需要把原始整数数据转换成二进制数据，这是由两个 MATLAB 函数模块 (MATLAB Fen5、MATLAB Fen3) 和一个 Frame Status Conversion4 模块完成的。Frame Status Conversion 3 和 Frame Status Conversion4 的 Output signal 参数设为 Sample-based。MATLAB Fen 和 MATLAB Fen5 的 MATLAB function 参数设为 de2bi(u,4,'left-mab')，其他参数采用默认值。MATLAB Fen3 的 MATLAB function 参数设为 reshape(u.',44,1)。

在 Rx 子系统中，MATLAB Fen1 的 MATLAB function 参数设为 bi2de(u,4,'left-mab')，Frame Status Conversion1 和 Frame Status Conversion5 的 Output signal 参数设为 Frame-based，Frame Status Conversion2 的 Output signal 参数设为 Sample-based。MATLAB Fen2 的 MATLAB function 参数设为 de2bi(u,4,'left-mab')，MATLAB Fen4 的 MATLAB function 参数设为 reshape(u.',44,1)，MATLAB Fen6 的 MATLAB function 参数设为 reshape(u.',44,1)。

Binary Symmetric Channel 的 Error probability 设为 BER，将从工作区给它赋值。误比特率统计模块中的 Variable name 设为 BER1，其他参数采用默认值。

各模块参数设置完成后，把仿真时间设为 1。设置完成后，把模型存盘，命名为 ex7.mal。由于程序需要运行多次才能够得到信噪比与误比特率之间的关系，为此需编写如下的脚本程序：

```
1.   clear all
2.   EbN0=0:10;              %SNR 的范围
3.   ber=berawn(EbN0,'qom',16);   % 由 SNR 得到 16QAM 的理论 ber
4.   for Ii=1:length(EbN0)
```

5. BER=ber(Ii);   % 赋值给 BSC 信道模块中的 BER

6. sim('ex7');   % 运行仿真模型

7. ber1(Ii)=BER1(1);   % 保存本次仿真得到的 BER

8. end

9. semilog(EbN0,ber,'- ko',EbN0,berI,'-k*');

10. legend(' 未编码 ','RS(15,11) 编码 ')

11. title(' 未编码和 RS(15,11) 编码的 16QAM 在 AWGN 下的性能 ')

12. label('Eb/N0');label(' 误比特率 ')

代码同以前的例子相似，读者参考注释即可。

程序运行结果可以看出，在 $E_b/N_0 > 4\text{dB}$ 后，RS(15，11) 编码能取得较好的效果。

五、CRC 校验码

CRC 是英文名称 Cyclic Redundancy Check 的缩写，意为循环冗余校验。前面的分析已经表明，循环码的检错能力是很强的，而 CRC 码便是一种广泛用于检错的循环码。

循环冗余校验码的基本思想是利用线性编码理论，在发送端根据要传送的 k 位二进制码序列，以一定的规则产生一个校验用的 r 位监督码（即 CRC 码），并附加在信息位后边，构成一个新的共 $n=k+r$ 位的二进制码序列，最后发送出去，这种编码又叫 (n, k) 码。对于一个给定的 (n, k) 码，可以证明存在一个最高次幂为 r 的多项式 $G(x)$。根据 $G(x)$ 可以生成 k 位信息的校验码，而 $G(x)$ 叫作这个 CRC 码的生成多项式。

校验码的具体生成过程为假设发送信息，用信息多项式 $G(x)$ 表示，将 $G(x)$ 左移 r 位，则可表示成 $C(x) \times 2^r$，这样 $G(x)$ 的右边就会空出 r 位，这就是校验码的位置。通过 $C(x) \times 2^r$ 除以生成多项式 $G(x)$ 得到的余数就是校验码。

接收方将接收到的二进制序列数（包括信息码和 CRC 码）除以多项式，如果余数为 0，则说明传输中无错误发生，否则说明传输有误。

CRC 用于检错，一般能检测如下错误：突发长度小于 $n-k+1$ 的突发错误；或者大部分突发长度等于 $n-k+1$ 的错误，其中不可检出错误的仅占 $2^{-(n-k+1)}$；或者大部分突发长度大于 $n-k+1$ 的错误，其中不可检出错误的仅占 $2^{-(n-k)}$；或者所有与许用码组码距小于 $(n, n-16)$ 的错误及所有奇数个错误。

CCITT 所推荐的，并在高速数据链路控制规程 (HDLC) 及 X.25 协议中所采用的 CRC 码是一种（ $n,n-16$)的循环码。它的最小距离为 4，生成多项式为 $g(x)=x^{16}+x^{12}+x^5+1$ ，此码能检测长度不大于 16 的所有突发错误，所有奇数个和两个独立错误及其他大量错误图样。

例 8：使用 MATLAB 仿真 CRC-8 校验码在二进制对称信道中的检错性能。其中，CRC 生成多项式为 $g(x)=x^8+x^7+x^6+x^4+x^2+1$ ，每一帧中含有的消息比特个数为 16，假设二进制对称信道采用 16QAM 调制。E_b/N_0 的范围是 0 ~ 10dB。

程序代码如下：

```
1.  clear all
2.  N=100000;                     % 发送的帧数
3.  L=16;                         % 一帧中的消息比特个数
4.  poly=[1 1 1 0 1 0 1 0 1];     %CRC 生成多项式
5.  N1=length(poly)−1;            %CRC 码的长度
6.  EbN0=0:10;                    %SNR 范围
7.  ben=berawn(EbN0,'qam',16);    %16QAM 理论误比特率
8.  for indd=1:lengtn(ber)
9.  pe=ber(indd);                 %BSC 信道错误概率
10. for iter=1:N
11. msg=randint(1,L);             % 消息比特
12. msg1=[msgzeros(1,N1)];        % 消息比特左移
13. [q,r]=deconv(msg1,poly);      %用多项式除法求 CRC 校验码,q 为商,r
为余数
14. r=mod(abs(r),2);              % 进行模 2 处理
15. crc=r(L+1:end);               %CRC 校验码
16. frame=[msgcrc];               % 发送帧
17. x=gsc(frame,pe);              % 通过二进制对称信道
18. [q1,r1]=deconv(x,poly);       % 接收序列除以多项式
19. r1=mod(abs(r1),2);            % 模 2 处理
20. err(iter)=biteiT(frame,x);    % 统计本帧是否产生误码
21. err1(iter)=sum(r1);           % 通过 CRC 统计本帧是否产生误码
22. end
23. der1(indd)=sum(err ~ =0);     % 误帧率
24. der2(indd)=sum(err1 ~ =0);    % 通过 CRC 计算误帧率
```

25. end
26. missed=(der1−der2)/N;　　　　%CRC 漏检的概率
27. semilog(EbN0,missed)
28. title('CRC-8 检错性能 ')
29. label('Eb/N0');label(' 漏检概率 ')

程序的第 2 ~ 6 行定义了相关的参数，然后在不同的信噪比下发送 100000 帧带 CRC 校验码的数据通过二进制对称信道（第 11 ~ 17 行），在接收端根据接收数据与原始数据的对比和根据 CRC 校验结果分别进行误帧率的统计（第 18 ~ 24 行），得出 CRC 校验漏检的结果并作图（第 26 ~ 29 行）。

程序的执行结果可以看出，CRC-8 的检测性能随着信噪比的增加而提高。在 $E_b/N_0 > 5dB$ 时，CRC 检测器发生错误判决的比例小于 10^{-4}，即每 10000 个数据帧中只有一个帧在发生传输错误时未能被 CRC 检测器检查出来。

Simulink 中提供的 CRC 编码器有两种，即通用 CRC 编码器和 CRC-N 编码器，这两个 CRC 编码器比较接近，它们之间的区别在于，后者提供了 6 个常用的 CRC 生成多项式，使用起来比较方便。

例 9: 使用 Simulink 仿真 CRC-16 校验码在二进制对称信道中的检错性能并与例 8 比较。每一帧中含有的消息比特个数为 64，二进制对称信道采用 16QAM 调制，E_b / N_0 的范围是 0 ~ 10dB。

Bernoulli Binary Generator 的 Sample time 设 为 1/64000000，选 中 Frame-based outputs，Sample per frame 设为 64。在 CRC-N Generator 模块的参数设置中，CRC method 设为 CRC-16，其他两个参数采用默认值。Binary Symmetric Channel 的 Error probability 设为 BER，将从工作区中赋值给它。

在 Rx 子系统中，通过 Bianry Symmetric Channel 的信号分为两路，其中一路与 CRC 编码后的数据帧通过 Error Rate Calculation 模块进行比较，然后通过 Selector 模块选择第 2 个输出信号，即误比特的个数作为输出。为了判断本帧中是否出现漏洞传输错误，把 Selector 模块的输出信号与它的一个单位延迟信号相减，如果它们的差为 0，说明在本帧比较的过程中，误比特数没有增加，因此本帧没有错误；否则，它们的差值就是本帧中的错误比特数。由于只需要知道本帧是否有错，通过 Relational Operator 模块后，如果数据帧没有错误，模块的输出信号等于 0；否则，输出信号等于 1。另一路数据通过 CRC-N Syndrome Detector 模块进行 CRC 校验。CRC-N Syndrome Detector 有两个输出信号，其中第 1 个输出端口的信号是除去了 CRC 的信息序列，第 2 个输出端口的信号表

示对接收信号的 CRC 进行校验的结果。如果根据信息位重新计算得到的 CRC
与接收到的 CRC 相等，则输出信号等于 0；否则，输出信号等于 1。CRC-N
Syndrome Detector 第 2 个端口的输出信号与通过 Relational Operator 模块后的
信号再进行比较，如果结果相同，说明 CRC 校验是正确的，否则，CRC 校验
发生了错误的判决。Cumulative Sum 模块对这两个信号的比较过程中结果不吻
合的次数进行统计，通过 Signal to Workspace 模块保存到 MATLAB 工作区中名
字为 Missed Frame 的变量中。CRC-N Syndrome Detector 的参数设置与 CRC-N
Generator 模块一放。Error Rate Calculation 模块的 Out put data 设为 Port，其
他参数采用默认值。Selector 模块的 Elements 参数设为 2，其他参数采用默认
值。Unit Delay 模块的 Sample time 设为 -1。Relational Operator 的 Relational
Operator 参数设为 >。Relational Operator 的 Relational Operator 设为 ~=。
Signal to Workspace 的 Variable name 设为 MissedFrame。其他参数采用默认值。

各模块参数设置完成后，把仿真时间设为 1。设置完成后，把模型存盘，
命名为 ex9.mal。

由于程序需要运行多次才能够得到信噪比与误比特率之间的关系，为此需
要编写如下的脚本程序：

1.   clear all
2.   EbNo=0:10;   %SNR 的范围
3.   ber=berawnCEbN/qom',16);
4.   for Ii=1:length(EbN)
5.   BER=ber(Ii);   % 赋值给 BSC 信道模块中的 BER
6.   sim('ex9');   % 运行仿真模型
7.   missed(Ii)=MissedFrame(end)/length(MissedFranie);   % 本次仿真得
到的漏检概率
8. end
9. semilog(EbN0,missed,'-ko');
10. tide('CRC-16 检错性能 ')
11. label('Eb/N0');label(' 漏检概率 ')
12. axis([0 8 10.^(-6)10.^(-3)])

代码同以前的例子相似，不再赘述。

与 CRC-8 相比，CRC-16 的检测性能要更好一些，不管信道的 SNR 如何
变化，CRC 检测器发生错误判决的比例都小于 10^{-4}。因此，CRC 编码广泛地应
用于移动通信系统中，用于实现自动请求重传 (ARQ) 功能。

第三节　卷积码

FEC 系统中除了应用分组码 (BlockCode)，还广泛使用卷积码 (Convolutional Code)。在同等码率和相似的纠错能力下，卷积码的实现往往比分组码要简单，因此在 FEC 系统中，将越来越多地应用卷积码。

一、卷积码的原理

卷积码又称连环码，是 1955 年提出来的一种纠错码，它和分组码有明显的区别。(n, k) 线性分组码中，本组 $r=n-k$ 个监督元仅与本组 k 个信息元有关，与其他各组无关。也就是说，分组码编码器本身并无记忆性。卷积码则不同，每个（以）码段（也称子码，通常较短）内的 n 个码元不仅与该码段内的信息元有关，而且与前面 m 段的信息元有关。通常称 m 为编码存储。卷积码常用符号 (n, k, m) 表示。

图 5-1 是（2，1，2) 卷积码的编码器，它由移位寄存器、模二加法器及开关电路组成。

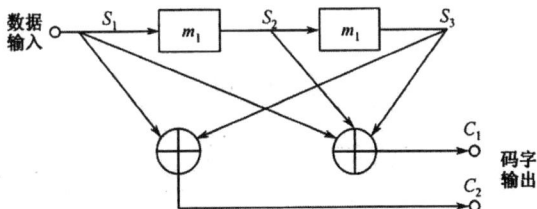

图 5-1　卷积码（2,1,2）编码器

起始状态，各级移位寄存器清零，即 $S_1S_2S_3$ 为 000。S_1 等于当前输入数据，而移位寄存器状态 S_2S_3 存储以前的数据，输出码字 C 由下式确定，即

$$\begin{cases} C_1 = S_1 \oplus S_2 \oplus S_3 \\ C_2 = S_1 \oplus S_3 \end{cases}$$

由于 C_1 对应的加法器与输入信号及寄存器 m_1 ，m_2 相连，因此对应的二进制序列是 111，对应于八进制的 7，C_2 对应的加法器与输入信号及寄存器 m_2 相连，对应的二进制序列是 101，对应于八进制的 5，因此，这个卷积编码器的生成多项式是 [7 5]。

当输入数据 $D=[1\ 1\ 0\ 1\ 0]$ 时，输出码字可以计算出来，具体计算过程参见表 5-2，另外为了保证全部数据通过寄存器，还必须在数据位后加 3 个 0。

表 5-2 　（2，1，2）编码器的工作过程

$S\ 1$	1	1	0	1	0	0	0	0
$S_3 S_2$	00	01	11	10	01	10	00	00
$C_1 C_2$	11	01	01	00	10	11	00	00
状态	A	B	D	C	B	C	A	A

从上述的计算可知，每 1 位数据，影响 $m+1$ 个输出子码，称 $m+1$ 为编码约束度。每个子码有 n 个码元，在卷积码中有约束关系的最大码长度则为 $(m+1)n$，称为编码约束长度。（2，1，2）卷积码的编码约束度为 3，约束长度为 6。

二、卷积码的描述

卷积码同样也可以用矩阵的方法描述，但较抽象。因此，采用图解的方法直观描述其编码过程。常用的图解法有三种方法：树图、状态图和格图。

（一）树图

树图描述的是在任何数据序列输入时，码字所有可能的输出。对应于图 5-1 所示的（2，1，2）卷积码的编码电路，可以画出其树图，如图 5-2 所示。

以 $S_1 S_2 S_3$ 为 000 作为起点，用 a、b、c 和 d 表示出 $S_3 S_2$ 的 4 种可能状态：00、01、10 和 11。若第一位数据 $S_1=0$，输出 $C_1 C_2=00$，从起点通过上支路到达状态 a，即 $S_3 S_2=00$；若 $S_1=1$，输出 $C_1 C_2=11$，从起点通过下支路到达状态 b，即 $S_3 S_2=01$；依次类推，可得整个树图。输入不同的信息序列，编码器就走不同的路径，输出不同的码序列。例如，当输入数据为 [1 1 0 1 0] 时，其路径如图 5-2 所示中虚线所示，并得到输出码序列为 [1 1 0 1 0 1 0 0 …]，与表 5-2 的结果一致。

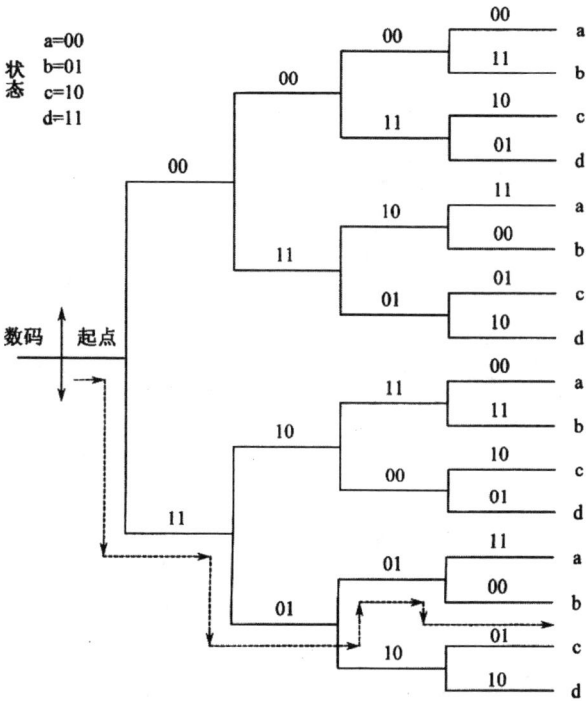

图 5-2　(2,1,2)卷积码的树图

（二）状态图

编码器的工作过程不但可以用树图加以表示，也能用状态图来进行描述。图 5-3 所示就是该（2，1，2) 卷积码编码器的状态图。

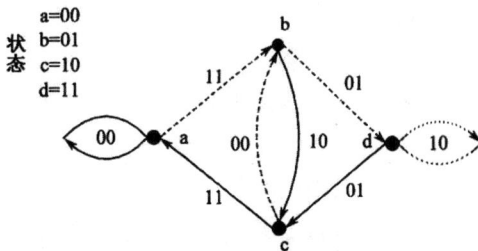

图 5-3　(2，1，2)卷积码的状态图

图中，我们可以看到有四个节点，分别是 a、b、c、d，它们对 S_3S_2 的 4 种可能状态分别进行了表示。

（三）格图

格图叫篱笆图，也称之为网络图，状态图在时间上加以展开所得到的就是格图，如图 5-4 所示。在图中，画出所有可能的数据输入时，状态转移的全部可能轨迹，线旁边的数字为输出码字，其节点表示状态。

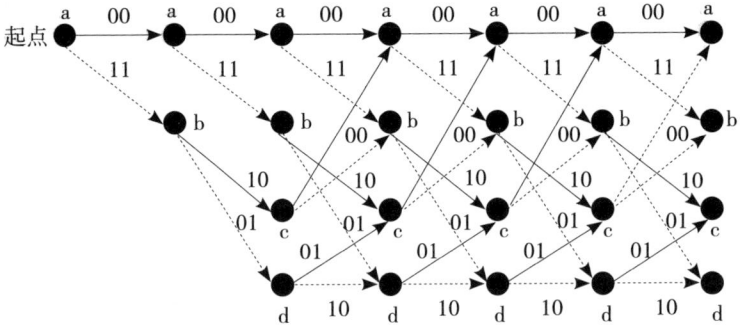

图 5-4   （2,1,2,）卷积码的格图

以上的三种卷积码的描述方法，不但有助于求解输出码字，了解编码工作过程，而且对研究解码方法也很有用。

三、卷积码的译码

卷积码的译码可分为代数译码和概率译码两大类。代数译码是利用生成矩阵和监督矩阵来译码，最主要的方法是大数逻辑译码。概率译码比较实用的有两种：维特比译码和序列译码。目前，概率译码已成为卷积码最主要的译码方法。本节将简要讨论维特比译码和序列译码。

（一）维特比（Viterbi）译码

维特比译码，其实是最大似然译码的算法。该算法的思路是，把所有可能的码字和接收码字进行对比，从中找出码距最小的码字，以当作解码输出。接收序列一般情况下是很长的，因此最大似然译码被维特比译码进行了简化。

现以上述（2，1，2)卷积码为例说明维特比译码过程。设发送端的信息数据 D=[1 1 0 1 0 0 0 0]，由编码器输出的码字 C=[1 1 0 1 0 1 0 0 1 0 1 1 0 0 0 0]，接收端接收的码序列 B=[0 1 0 1 0 1 1 0 1 0 0 1 0 0 1 0]，有 4 位码元（带下划线）差错。下面参照图 5-4 的格状图说明译码过程。

根据图 5-5 所示，首先以前三个码为标准，对于到达第三级的四个节点的八条路径进行比较，逐步算出每条路径与接收码字之间的累计码距，分别对累计码距用括号里数字进行标出，对到达该节点的码距较小的路径进行保留，作为幸存路径，再将当前节点移到第四条级，比较、计算和保留幸存路径，最后得到一条幸存路径（到达终点的），就是解码路径，如图 5-5 中实线所示。根据该路径，得到解码结果。

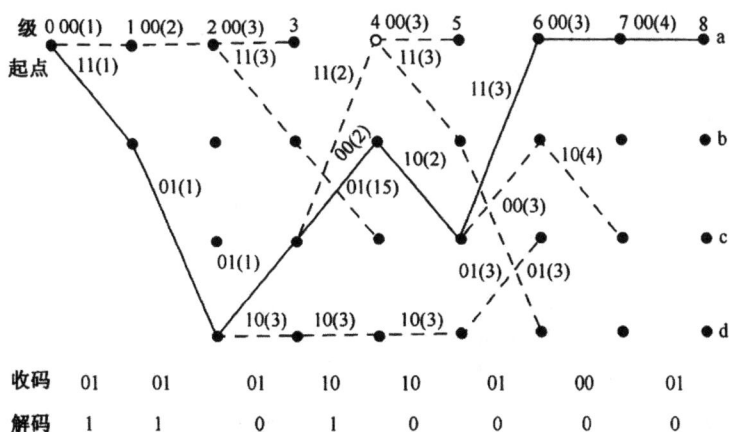

图 5-5　维特比译码格图

（二）序列译码

当卷积码参量 m 很大时，可以采用序列译码法。

译码先从码树的起始节点开始，把接收到的第一个子码的 n 个码元与自始节点出发的两条分支按照最小汉明距离进行比较，沿着差异最小的分支走向第二个节点。在第二个节点上，译码器仍以同样原理到达下一个节点，以此类推，最后得到一条路径。

若接收码组有错，则自某节点开始，译码器就一直在不正确的路径中行进，译码也一直错误。因此，译码有一个门限，当接收码元与译码器所走的路径上的码元之间的差异总数超过门限值时，译码器判定有错，并且返回试走另一分支。经数次返回找出一条正确的路径，最后译码输出。当该门限值很小时，序列译码的性能接近最大似然译码，尽管译码时每一次搜索的计算量和所需存储容量不大，但是其频繁的返回则要求更大的计算量，反而使其译码延时远大于维特比译码。当门限值很大时，序列译码的计算量和延时会大大减少，但不一定能搜索到最佳路径，从而导致译码输出误比特率增大。

四、卷积码仿真

MATLAB 提供了卷积码的函数编码 convene 和相应的 Viterbi 译码函数 vitdec，可以快速地得到编译码结果。

卷积码的编码函数主要有以下四个。

（1）code=convene(msg,trellis)

完成输入信号 msg 的卷积编码，其中 trellis 代表编码多项式，但其必须是 MATLAB 的网格结果，需要利用 poly2trdlis 函数将多项式转化为网格表达式。msg 的比特数必须为 log(trellis.numlnputSymbois)。

（2）code=convene(msg,trellis,puncpat)

作用与（1）类似，其中 puncpat 定义凿孔模式。

（3）code=convene(msg,trellis, …,init_state)

init_state 指定编码寄存器的初始状态。

（4）decoded=vitdec(code,trellis,tblen,opmode,ectype)

对码字 code 进行 Vitebi 译码。trellis 表示产生码字的卷积编码器，tblen 表示回溯的深度，opmode 指明译码器的操作模式，ectype 则给出译码器判决的类型，如软判决和硬判决。

例 10： 仿真 BPSK 调制在 AWGN 信道下分别使用卷积码和不使用卷积码的性能，其中卷积码的约束长度为 7，生成多项式为 [171，133]，码率为 1/2，译码分别采用硬判决译码和软判决译码。

程序代码如下：

```
1.  clear all
2.  EbN0=0:10;                          %SNR 的范围
3.  N=1000000;                          % 消息比特个数
4.  M=2;                                %BPSK 调制
5.  L=7;                                % 约束长度
6.  trel=poly2trellis(L,[171 133]);     % 卷积码生成多项式
7.  tblen=6*L;                          %Viterbi 译码器回溯深度。
8.  msg=randint(1,N);                    % 消息比特序列
9.  msg1=convene(msg,teel);             % 卷积编码
10. x1=pskmod(msg1,M);                   %BPSK 调制
11. for Ii=1:length(EbN0)
```

12.　　　% 加入高斯白噪声 , 因为码率为 1/2, 所以每个符号的能量要比比特能量少 3dB

13.　　y=awn(x1,EbN0(Ii)−3);

14.　　y1=pskdemos(y,M);　　　　　% 硬判决

15.　　y1=vitdec(y1,teel,tblen,'cont','hard');　　%Viterbi 译码

16.　　[err,berl(Ii)]=biter(y1(tblen+1:end),msg(1:end−tblen));　　% 误比特率

17.

18.　　y2= vitdec(real(y),teel,tblen,'cont','unquant');　　% 软判决

19.　　[err,ber2(Ii)]=biter(y2(tblen+1:end),msg(1:end−tblen));　　% 误比特率

20.

21.　end

22.　ber=berawn(EbN0,'pak',2,'nodiff');　　　　　%BPSK 调制理论误比特率

23.　semilog(EbN0,ber,'−ko',EbN0,ber1,'−k*'EbN0,ber2,'−k.');

24.　legend('BPSK 理论误比特率 ',' 硬判决误比特率 ',' 软判决误比特率 ')

25.　title(' 卷积码性能 ')

26.　label('Eb/N0');label(' 误比特率 ')

从程序执行结果可以看出，信噪比较高时，硬判决译码要比没有采用卷积码时性能大约提高 3dB，而软判决译码要比硬判决译码性能好大约 2dB。

Simulink 中也提供了卷积码编码和 Viterbi 译码模块，下面给出使用 Sinulink 仿真卷积码性能的示例。

例 11：用 Simulink 重新仿真例 10。

在 Tx 子系统中，Bernoulli Binary Generator 的 Sample time 设为 1/BitRate，选中 Frame−based outputs，Samples per frame 设为 BitRate。其中，BitRate 代表比特速率，将从工作区中赋值给它。在 Convolutional Encoder 模块的参数设置中，Trellis structure 设为 poly2trellis(Lc，[171133])，其中 Lc 是卷积码的约束长度，将从工作区中赋值给它。IntegerDelay 模块的 Number of delays 设为 6*Lc，是 Viterbi 译码器的回溯深度。Goto 模块的 Tag Visibility 要设为 global，否则 Rx 子系统中的 From 模块会提示找不到对应的 Goto 模块。

在 Rx 子系统中，两个 Viterbi Decoder 模块的 Decision type 分别设为 Hard Decision 和 Unquantized，Trellis structure 设为 poly2trellis(Lc，[171133])，Traceback depth 设为 6*Lc。在两个 Error Rate Calculation 模块中，Computer delay 设为 6*Lc，Variable name 分别设为 BER1 和 BER2。

AWGN Channel 模块的 Mode 选为 Signal to noise ratio(Eb/No)，Eb/No(dB) 设为 SNR，Symbol period 设为 1/BitRate。

各模块参数设置完成后，把仿真时间设为 10。设置完成后，把模型存盘，命名为 ell.mal。由于程序需要运行多次才能够得到信噪比与误比特率之间的关系，为此需编写如下的脚本程序。

```
1.   clear all
2.   Lc=7;                          % 卷积码约束长度
3.   BitRate=100000;                % 比特速率
4.   EbN0=0:10;                     %SNR 的范围
5.   for Ii=1:length(EbN0)
6.     SNR=EbN0(Ii);                % 赋值给 AWGN 信道模块中的 SNR
7.     sim('ex11');                 % 运行仿真模型
8.     ber1(u)=BER1(1);            % 保存本次仿真得到的 BER
9.     ber2(Ii)=BER2(1);
10.  end
11.  ber=berawn(EbN0,'pak',2,'ncxIiff');
12.  semilog(EbN0,ber,'-ko',EbN0,ber1,'-k*',EbN0,ber2,'-k.');
13.  legend('BPSK 理论误比特率 ',' 硬判决误比特率 ',' 软判决误比特率 ')
14.  title(' 卷积码性能 ')
15.  label('Eb/N0');label(' 误比特率 ')
```

代码同以前的例子相似，参考注释即可。

程序运行结果可以得到与图 5-5 相同的结论。

第四节　交织器

交织方法是一种很实用而且常用的构造码方法，能把比较长的突发错误或多个突发错误离散成随机错误。交织是指一个数据序列在一一对应的条件下进行数据的位置重排过程。其逆过程为解交织，也就是将接收到的信息序列进行位置还原，把数据的位置还原成发送时的顺序。假设交织器的输入为

$$u=u_1,u_2,\cdots u_N$$

式中：$u_i \in \{0, 1\}$，$1 \leqslant i \leqslant N$。序列 u 经交织器交织后，得到一个二进制输出

序列，即

$$\tilde{u}=\tilde{u}_1,\tilde{u}_2,\cdots\tilde{u}_N$$

式中：$\tilde{u}_i \in \{0, 1\}$，$1 \le i \le N$。序列 u 中的数据和序列 $\tilde{u}$ 中的数据完全一样，只是数据的顺序不一样。如果把输出和输入看成两个大小都是 N 的集合，那么从 $u \to \tilde{u}$ 是一一对应的关系。定义集合 A 为

$$A = \{1, 2, \cdots, N\}$$

则交织器可以定义为

$$I(A \to A): j = I(i)$$

式中：i 和 j 分别为输入序列 u 和输出序列 $\tilde{u}$ 的数据在序列中的位置。上式就是交织器的基本原理公式。

常用的交织器主要有三种：矩阵分组式、伪随机式和半伪随机式。下面通过一个简单的矩阵分组交织器的例子，分析通过交织和反交织变换，将一突发错误信道改造为独立差错信道的过程。

假设发送一组信息 $X = (x_1，x_2，\cdots，x_{16})$，首先将 X 送入交织器，此交织器设计为按列写入按行取出的 4×4 阵列存储器。送入交织器后，从存储器里按行输出，送入突发差错的信道，信道输出再送入反交织器，完成交织器的相反变换，即按行写入按列读出。反交织器的输出，即阵列存储器中按列读出的信息，其差错规律就变成了独立差错。

交织矩阵为

$$I_t = \begin{bmatrix} x_1 & x_5 & x_9 & x_{13} \\ x_2 & x_6 & x_{10} & x_{14} \\ x_3 & x_7 & x_{11} & x_{15} \\ x_4 & x_8 & x_{12} & x_{16} \end{bmatrix}$$

则交织器输出为 $X_1 = (x_1，x_5，x_9，x_{13}，x_2，x_6，x_{10}，x_{14}，x_3，x_7，x_{11}，x_{15}，x_4，x_8，x_{12}，x_{16})$。假设突发信道产生两个突发差错：第 1 个错误突发产生于 $x_1 \sim x_5$，连错 4 个，第 2 个错误突发产生于 $x_{11} \sim x_4$，连错 3 个，则此时接收到的信号为 $X_2 = (\tilde{x}_1，\tilde{x}_5，\tilde{x}_9，\tilde{x}_{13}，x_2，x_6，x_{10}，x_{14}，x_3，x_7，\tilde{x}_{11}，\tilde{x}_{15}，\tilde{x}_4，x_8，x_{12}，x_{16})$，去交织矩阵为

$$J_r = \begin{bmatrix} \tilde{x}_1 & \tilde{x}_5 & \tilde{x}_9 & \tilde{x}_{13} \\ x_2 & x_6 & x_{10} & x_{14} \\ x_3 & x_7 & \tilde{x}_{11} & \tilde{x}_{15} \\ \tilde{x}_4 & x_8 & x_{12} & x_{16} \end{bmatrix}$$

去交织矩阵的输出为 $X_3 = (\tilde{x}_1 , x_2 , x_3 , \tilde{x}_4 , \tilde{x}_5 , x_6 , x_7 , x_8 , \tilde{x}_9 , x_{10} , \tilde{x}_{11} , x_{12} , \tilde{x}_{13} , x_{14} , \tilde{x}_{15} , x_{16})$。可见，经过交织矩阵和反交织矩阵后，原来信道的突发差错，即 4 个连错和 3 个连错变成了无记忆随机性的独立差错和个数较少的连错。这个例子的 4×4 阵列存储器可推广到 $M \times N$ 的分组交织器，进行类似的分析，上述结论依然有效。

MATLAB 中提供了随机交织、矩阵交织、螺旋交织、代数交织及块交织的函数，限于篇幅，这里只给出矩阵交织的示例。

例 12：使用 MATLAB 仿真（7,4)Hamming 码编码和矩阵交织器级联后的性能，并和未交织的性能进行比较。

程序代码如下：

```
1.  clear all
2.  N=10000;
3.  k=4;                          % 编码码字消息比特长度
4.  n=7;                          % 编码码字长度
5.  x=randint(N*k,1);             % 消息比特
6.  code=encode(x,n,k);           %(7,4)Hamming 编码
7.  code1=matintrlv(ccxie,N/10,10*n);      %(N/10,10*n) 矩阵交织
8.  noise=randerr(N,n,[0:n ~ 3;0.8 0.09 0.07 0.03 0.01]);   % 信道差错，包括独立差错和突发差错
9.  noise=reshape(noise.,,N*n,1);
10. y=bitxor(code,noise);         % 无交织接收信号
11. y=decode(y,n,k);              %Hamming 译码
12. [err,ber]=biter(x,y);         % 统计误比特率
13.
14. y1=bitxor(code1,noise);       % 有交织接收信号
15. y1=matdeintrlv(y1,N/10,10*n); % 解交织
16. y1=decode(y1,n,k);            %Hamming 译码
17. [err1,ber1]=biter(x,y1); % 统计误比特率
18. dsp(' 无交织时的误比特率 ');
19. ber
20. dsp(' 有交织时的误比特率 :');
21. ber1
```

程序首先产生消息比特并进行 Hamming 编码（第 5，6 行），再进行矩阵交织（第 7 行），信道产生的差错包括独立差错和突发差错（第 8 行），randeir 函数的第 3 个参数是定义信道产生突发差错的长度及对应的产生概率。在接收端分别对无交织和有交织的接收信号进行 Hamming 译码并统计误比特率（第 10 ~ 17 行），最后显示统计结果（第 18 ~ 21 行）。程序运行结果如下所示。

无交织时的误比特率：

ber=

0.0495

有交织时的误比特率：

ber1=

0.0217

我们能够看出，有交织器时的误比特率要小于无交织器时的误比特率，交织器在信道改造中的作用显而易见。

Similink 中也提供了螺旋、随机、代数、矩阵及块交织模块，下面给出使用矩阵交织模块的示例，其他交织模块的使用与此类似。

例 13：使用 SimulinkMATLAB 仿真（15，11)Hamming 码编码和（30，20)矩阵交织器级联后的性能，并和未交织的性能进行比较。

在 Tx 子系统中，Bernoulli Binary Generator 模块的 Sampletime 设为 1/110000，选中 Frame-based outputs，Samples per frame 设为 11。Bernoulli Binary Generator 模块的输出数据分为两路，一路用来进行 Hamming 编码，另一路则通过 Goto 模块与接收端的误比特率统计模块相连。Goto 模块的 Tag 设为 Bit，Tag Visibility 选为 global。在 Hamming Encoder 模块的参数设置中，Codeword length N 设为 15，Message length K，or M-degree primitive polynomial 设为 gfprimfd(4,'min')。Hamming Encoder 模块的输出分为两路，一路是不经过交织的数据，另一路则通过 Matrix Interleaver 模块进行交织。Matrix Interleaver 模块的行数和列数分别是 30 和 20，而 Hamming Encoder 模块每一帧的输出为 15，因此在 Hamming Encoder 模块和 Matrix Interleaver 模块之间需要一个 buffer 模块来完成数据速率的转换。Buffer 模块的 Output buffer size 设为 30*20。Matrix Interleaver 模块的 Number of rows 设为 30，Number of columns 设为 20。

在 Rx 子系统中，经过突发错误信道后的数据分别进行 Hamming 译码，并与原始信息比特进行比较，统计译码后的误比特率。两个 Hamming Decoder 模块的参数与 Tx 子系统中 Hamming Encoder 模块的参数设置相同。Matrix

Deinterleaver 模块的参数与 Tx 子系统中的 Matrix Interleaver 模块的参数设置相同。两个 From 模块的 Goto Tag 参数设为 Bit，与 Tx 子系统中的 Goto 模块相匹配。Buffe1 模块用来完成 Matrix Deinterleaver 模块与 Hamming Decoded 模块之间的速率匹配。它的 Output buffer size 设为 15。由于交织后的数据产生时延，Buffer2、Buffer3 是对原始消息比特进行时延，以便正确地与解交织后的译码比特相比较。Buffer2 模块的 Output buffer size 设为 440，Buffer3 模块的 Output buffer size 设为 11。在两个误比特统计模块中，Error Rate Calculation 模块的 Variable name 设为 BER2，Error Rate Calculationl 模块的 Coinputation delay 设为 440，Variable name 设为 BER1。

Binary Error Pattern Generator 模块模拟信道中的突发错误、随机错误。在其参数设置中，Block length 设为 15，Probabilities 设为 0.001*ones(1，8)，表示每个码字中发生 1～8 个比特的错误概率均为 0.001。Sample time 设为 1/150 000，选中 Frame-based outputs，Blocks per frame 设为 1。Binary Error Pattern Generator 模块的输出一路与未交织的比特数据进行模 2 加（异或）操作，另一路通过 Goto1 模块与交织后的比特数据进行模 2 加（异或）操作。Goto1 模块的 Tag 设为 Err，From2 模块的 Goto Tag 选为 Err。Buffer4 模块的 Output buffer size 设为 30*20。

各模块参数设置完成后，把仿真时间设为 10。设置完成后，把模型存盘，命名为 exo.mal。单击工具栏中的▶图标即可运行仿真。仿真结束后，在工作区中输入如下命令即可看到有交织和无交织情况下的误比特率。

```
> > BER1(1)
ans=
    1.2732e-004
> > BER2(1)
ANS=
    0.0026
```

从例 13 程序仿真结果同样可以看出突发错误信道中交织器的作用。

小结

本章介绍了一些常用的信道编码技术及其实现。先对信道编码的原理、分类进行了阐述，又对信道编码技术的不同进行了分析，包括 Hamming 码、循环码、BCH 码、RS 码、CRC 校验码及卷积码。这些编码方法已经在不同的系统中得到广泛应用。从讲述的角度讲，本章关注基本信道编码原理的实现，给出了相应的 MATLAB 代码和 Simulink 仿真模型，目的在于加深理解。读者可在此基础上研究当前的一些热门信道编码技术，如 Turbo 码、LDPC 码及喷泉码等。

第六章　数字调制解调分类与实现

第一节　概述

　　数字信号的基带传输主要用于低速、近距离时的数据传输。本章所讲的数字载波调制是用基带数字信号控制高频载波，把基带数字信号变换为频带数字信号的过程。把频带信号还原为基带数字信号的反变换过程称为数字解调。为了称呼方便，通常把数字调制及解调合起来统称为数字调制。数字调制的主要目的是让发送信号的特性和信道的特性相匹配，一般传输信道的频率特性总是有限的，即有上、下限频率，超过此界限就不能进行有效的传输。如果数字信号流的频率特性与传输信道的频率特性很不相同，那么信号中的很多能量就会失去，信噪比就会降低，误码增加，而且会给邻近信道带来很强的干扰。因此，在传输前要对数字信号进行某种处理，减少数字信号中的低频分量和高频分量，使能量向中频集中，或者通过某种调制过程进行频谱的搬移。这两种处理就需要通过调制来完成，目的主要是使信号的频谱特性与信道的频谱特性相匹配。

　　根据基带数字信号对载波参数控制的不同，可以将数字载波调制分为三种基本的调制方式：幅度键控、频移键控和相移键控，它们分别对应于用载波的幅度、频率和相位来传递数字基带信号。以此为基础，发展起来了许多频带利用率更高、抗干扰性能更强的调制技术，如 QAM，MSK，GMSK，OFDM 等。本书主要讲解 BPSK、QPSK 及 QAM 调试方式的 MATLAB，DSP 和 FPGA 实现。

第二节　BPSK 调制的实现

一、BPSK 调制的基本原理

BPSK 调制是指二进制数字调相，利用二进制数字基带信号控制载波的相位，进行频谱变换的过程，发送端要产生相位随数字基带信号变化的载波信号，接收端则把不同相位的载波还原为数字信号 1 或 0。

根据载波相位表示数字信息的方式不同，数字调相分为绝对相移 (PSK) 和相对相移 (DPSK) 两类。以未调载波的相位作为基准的相位调制叫作绝对相移。利用前后相邻码元的载波相对相位变化传递二进制数字信号的调制方式称为相对相移。以二进制调相为例，取码元为 "1" 时，调制后载波与未调载波同相；取码元为 "0" 时，调制后载波与未调载波反相；"1" 和 "0" 时调制后载波相位差 180°。

BPSK 信号实际上是以一个固定初相的未调载波为参考的，因此解调时必须有与此同时频相同的同步载波。如果同步载波的相位发生变化，如 0 相位变为 π 相位或 π 相位变为 0 相位，则恢复的数字信息就会发生 "0" 变 "1" 或 "1" 变 "0"，从而造成错误的恢复。

这种因为本地参考载波倒相，而在接收端发生错误恢复的现象称为 "倒 π" 现象或 "反向工作" 现象。绝对相移的主要缺点是容易产生相位模糊，造成反向工作。这也是它的实际应用较少的主要原因。

二、BPSK 调制的 MATLAB 实现

BPSK 调制的 MATLAB 实现与数字基带信号传输的 MATLAB 实现差不多，主要是多了一个载波的过程。其主要的参数如下：信号速率为 1 000 Baud/s，载波频率为 4 000Hz，采样频率为 16 000Hz。其他参数保持不变，BPSK 的 MATLAB 程序如下。

```
clear ; clc ;
Sym=10 ;
X=randint(1, Sym)
xDualPole=2*x−1 ;
fb=1000 ;                    % 符号速率
fc=4000 ;                    % 载波频率
fs=16000 ;                   % 采样频率
OverSamp=fs/fb ;             % 过采样频率 =8
Delay=5 ;                    % 单位为调制符号
alpha=0.25 ;                 % 滚降系统；B=1000/2×(1+0.25)=750Hz
h_sqrt=cosine(1, OverSamp, 'fir/sqrt', alpha, Delay) ;
SendSignal_OverSample=kron(xDualPole, [1 zeros(1, OverSamp−1)]) ; %
```

发送符号过采样

```
SendShaped=conv(SendSignal_OverSample，h_sqrt)；
figure；
    subplot(2，1，1)；plot(SendShaped)；title(' 脉冲成型后的时域波形 ')
        subplot(2，1，2)；plot(abs(fft(SendShaped)))；title(' 脉冲成型后的频
域波形 ')
%%%%%%%%%%%%% 调制后的波形 %%%%%%%%%%%%%%
N=0：length(SendShaped)-1；
CarrierWave=sin(2*pi*fc*N/fs)；
ModemWave=SendShaped.* CarrierWave；
figure；
subplot(2，1，1)；plot(ModemWave)；title(' 调制后的时域波形 ')
subplot(2，1，2)；plot(abs(fft(ModemWave)))；title(' 调制后的频域波形 ')
%%%%%%%%%%%%% 解调后的波形 % %%%%%%%%%%%%
    DemodWave=ModemWave.*CarrierWave；
        figure；
subplot(2，1，1)；plot(DemodWave)；title(' 解调后的时域波形 ')
subplot(2，1，2)；plot(abs(fft(DemodWave)))；title(' 解调后的频域波形 ')
%%%%%%%%%%%%% 匹配滤波 %%%%%%%%%%%%%%
    RcvMatched=conv(DemodWave，conj(h_sqrt))；%h_sqrt is real，conj
isn't necessary.
figure；
subplot(2，1，1)；plot(RcvMatched)；title(' 匹配接收后的时域波形 ')
    subplot(2，1，2)；plot(abs(fft(RcvMatched)))；title(' 匹配接收后的频域
波形 ')
%%%%%%%%%%%%% 符号抽样 %%%%%%%%%%%%%%
SynPosi=Delay*OverSamp*2；
SymPosia=SynPosi+(0：OverSamp：(Sym-1)*OverSamp)；
RcvSignal=RcvMatched(SymPosia)；
%%%%%%%%%%%%% 判决 %%%%%%%%%%%%%%
for i=1：Sym
    if(RcvSignal(i) > 0)
```

```
        RcvBit(i)=1 ;
    else
        RcvBit(i)= -1 ;
    end
end
figure ;
subplot(2，1，1)；stem(xDualPole)；title(' 发送的信号波形 ')
subplot(2，1，2)；stem(RcvBit)；title(' 接收的信号波形 ')
```

在上面的程序中，需要指出的是低通滤波器的设计，要根据信号的带宽、载波的频率及采样信号的频率三者一起来决定滤波器的阶数以及归一化的截止频率。

三、BPSK 调制的 DSP 实现

BPSK 的 DSP 实现和 MATLAB 实现最大的区别在于 DSP 是定点的，而 MATLAB 是浮点的。可以将 BPSK 的 DSP 实现分为码型变换、过采样、脉冲成型、调制、解调、低通滤波、匹配滤波、符号抽样、判决 9 个部分。为了规范起见，DSP 的实现采用主文件 main 和应用程序文件相结合的方式，其中 main 文件主要用来调用初始化程序和应用程序，而具体的初始化以及操作在应用程序中完成。main 文件的框架如下：

```
extern void app_ini(void) ;
extern void yaApp(void) ;
main()
{
    app ini() ;
    do
    {
        yaApp() ;
    }while(1) ;
}
```

具体的 DSP 程序如下：

```
#deme Sym 10
#define OverSamp 8
#define LenFilter 48
```

```
#define SIZE_Send 1024
#define SIZE_SendShape 1024
#define SIZE_RcvShape 1024
#define SIZE_RcvMatch 1024
short Coe_RCOS[49]={18, −44, −95, −114, −87, −13, 90, 190,
                    246, 220, 90, −141, −435, −721, −909, −900,
                    −615, −9, 909, 2069, 3352, 4599, 5645, 6340,
                    6584, 6340, 5645, 4599, 3352, 2069, 909, −9,
                    −615, −900, −909, −721, −435, −141, 90, 220,
                    246, 190, 90, −13, −87, −114, −95, −44, 18};
short SinTab[8]={0, 23170, 32767, 23170, 0, −23170, −32767, −23170};
short RataIn[10]={1, 1, 0, 0, 0, 1, 1, 0, 0, 1};
short RataIn_RP;
short SendSignal[1024];
short Send_WP;
short SendShape[1024];
short SendShape_WP, SendShape_RP;
short ModemWave[1024];
short ModemWave_WP, ModemWave_RP;
short DemodemWave[1024];
short DemodemWave_WP, DemodemWave_RP;
short LowFilterWave[1024];
short LowFilter_WP, LowFilter_RP;
short RcvShape[1024];
short RcvShape_WP, RcvShape_RP;
short RcvMatch[1024];
short RcvMatch_WP, RcvMatch_RP;
short rEata[64];
short rEata_WP;
short BER_Cntr;
void app_ini(void);
void yaApp(void);
```

```
void app_ini(void)
{
    short i ;
                        // 初始化
    RataIn_RP=0 ;
    rEata_WP=0 ;
    for(i=0 ; i < 1024 ; i++)
    {
        SendSignal[i]=0 ;
        SendShape[i]=0 ;
        RcvShape[i]=0 ;
        ModemWave[i]=0 ;
        DemodemWave[i]=0 ;
        LowFilterWave[i]=0 ;
        RcvMatch[i]=0 ;
    }
    SendShape_WP=0 ;
    SendShape_RP=0 ;
    RcvShape_WP=0 ;
    RcvShape_RP=0 ;
    RcvMatch_WP=0 ;
    RcvMatch_RP=0 ;
}
void yaApp(void)
{
    short m，n ;
    short RPt ;
    long Sum ;
short Temp ;
Send_WP=LenFilter ;
for(m=0 ; m < Sym ; m++)
{
```

```
If (RataIn[m]==I)
{
    SendSignal[Send_WP]=1 ;
}
else
    SendSignal[Send_WP]= −1 ;
}
    Send_WP+=OverSamp ;
}
for(m=LenFilter ; m < Sym*OverSamp+LenFilter+49 ; m++)
{
    RPt=m−LenFilter ;
    Sum=0 ;
    for(n=0 ; n < 49 ; n++)
    {
        Sum=Sum+SendSignal[RPt+n]*Coe_RCOS[n] ;
    }
    SendShape[m]=Sum > > 0 ;
}
for(m=0 ; m < Sym*OverSamp+LenFilter+49 ; m++)
    {
    ModemWave[m]=(SendShape[m]*SinTab[m&7]) > > 14 ;
    }
                            // 收匹配
    for(m=0 ; m < (Sym*8 +49 ; m++)
    {
        Sum=0 ;
        for(n=0 ; n < 49 ; n++)
    {
        Sum=Sum+(((long)DemodemWave[m+n]*(long)Coe_RCOS[n]) > > 3) ;
        }
        RcvMatch[m]=Sum > > 15 ;
```

```
        }
                        // 符号抽样判决
    RPt=48 ;
    for(m=0 ; m < Sym ; m++)
    {
        Temp=RcvMatch[RPt] ;
        if(Temp > 0)
        {
        rEata[rEata_WP++]=1 ;
        }
    else
    {
        rEata[rEata_WP++]=0 ;
        }
        RPt+=OverSamp ;
        }
                        // 误码率
    BER_Cntr=0 ;
    for(m=0 ; m < Sym ; m++)
    {
        if(RataIn[m] ！ =rEata[m])
        BER_Cntr++ ;
    }
        }
```

编写好上面的程序之后，还需要做如下的准备工作：先要新建一个工程，把编辑好的程序加入工程中去，然后新建一个 cmd 文件并添加到工程中去，再进行编译链接，加载 .out 文件，最后运行程序。

程序运行后，可以得到调制后的时域波形。通过比较，可以发现发送的数据和判决的数据完全一致。

四、BPSK 调制的 FPGA 实现

BPSK 调制的 FPGA 实现方法和基带信号传输的 FPGA 实现方法基本相同

（可以参考前面的程序），只是多了调制和解调两个部分。所以，BPSK 调制包括的模块有顶层模块、码型转换、过采样插零、发送滤波器、调制、解调、接收滤波器、抽样和判决等。

其中，顶层模块的输入是 1bit 的输入数据，同时有新数据指示信号 din_nd、时钟 elk 及复位信号 acle；输出是 1bit 的输出数据，同时伴有新数据输出指示信号。

顶层模块实体的输入/输出定义如下：

```
ENTITY BpskTran.Rec IS
    PORT(
        elk : IN STD.LOGIC ;
        est : IN STD_LOGIC ;
        data_in : IN STD.LOGIC ;
        din_nd : IN STD_LOGIC ;
        t_code_convert_gout :out std_logic_vextor(1 unto 0) ;
        t_code_convert_gout_rd :out std_logic ;
        t_insertzero_gout :out std_logic_vextor(1 unto 0) ;
        t_insertzero_gout_rd :out std_Logic ;
        t_pulsewave_gout :out std_logic_vextor(31 unto 0)
        t_pulsewave_gout_rd :out std_logic ;
        t_ModemWave :out std_logic_vextor(31 unto 0)
        t_ModemWave_rd :out std_logic ;
        t_DemodemWave_gout :out std_logic_vextor(31 unto 0)
        t_DemodemWave_gout_rd :out std_logic ;
        t_matchfilter :out std_logic_vetor(31 unto 0)
        t_matchfilter_rd :out std_logic ;
        gout :OUT STD_LOGIC ;
        gout_rd :OUT STD.LOGIC
        );
    END BpskTran_Rec ;
```

其中，带 t 的输出信号主要是为了便于在仿真时查看中间信号。

除了调制和解调模块，其余模块在基带信号传输的 FPGA 中都可以找到，因此这里就不再重复了，仅给出调制模块和解调模块的实现程序。调制和解调程序只是输入的数据有些不同，其实核心程序是一样的，因此仅给出调制模块的程序就可以。具体的 FPGA 程序如下：

```
library ieee ;
use ieee.std_logic_1104.all ;
use ieee.std_logic_anth.all ;
use ieee.std_logic_signed.all ;
entity ModulareWave IS
    port(
        est : in std_logic ;
        elk : in std_logic ;
        xin : in std_logic_vextor(31 unto 0) ;
        xin_nd : in std_logic ;
        gout : out std_logic_vextor(31 unto 0)
        gout_rd : out std_logic) ;
end ModulareWave ;
architecture part of ModulareWave is
type matrix_index is array(0 to 7)of integer ;
constant SinWave
: matrix_index : =(0, 127, 0, -128, 0, 127, 0, -128) ;
Signal ModeWaveInt :integer ;
Signal count :integer ;
Signal in_nd_gly :std_logic ;
– –signal state :integer range 0 to 2 ;
begin
    modemwave_process :
    process(est, elk)
    begin
    if est='1'then
        count < =0 ;
        ModeWaveInt < =0 ;
    elsif rising_edge(elk)then
        xin_nd_gly < =xin_nd ;
```

```
                if(xin_nd='1'and xin_nd_gly='0')then
                  ModeWaveInt < =SinWave(count)*conv_integer(xin);
                  gout_rd < ='1';
                  count < =count+1;
                else
                  gout_rd < ='0';
                end if;
              end if;
          end process;
          gout < =conv_std_logic_vextor(ModeWaveInt, 32);
      end part;
```

在完成上述模块的编写之后，就可以参考前面 Quartus 的应用进行程序的编译。编译成功之后，准备进行功能仿真，但在功能仿真之前需要编写波形仿真文件。在设置波形文件时，需要注意设置系统时钟 elk 的周期为 1MHz、输入数据 data_in 的宽度为 1 ms、din_nd 的周期为 1000Hz、载波的频率为 2000Hz、采样频率为 8000Hz。

也可以按照上面的仿真数据编写一个 MATLAB 程序，具体的程序如下：

```
clc; clear;
fc=2000;
fs=8000;
fb=1000;
n=0 : 7;
carrywave=fix(sin(2*pi*fc/fs*n)*128);
carrywave=[0 127 0-128 0 127 0-128];
 h=[-308 -5 454 1034 1675 2299 2822 3169 3291 3169 2822 2299 1675
1034 454 -5 -308];
data_in=[0 1 0 1 0 1 0 1 0 1 0 1 0 1]
dualpoledata=2*data_in-1;
x=kron(dualpoledata, [1zeros、1, 7)]);
y=conv(x, h);
for i=1 : length(y)/8
    modemwave(8*(i-1)+1 : 8*i)=y(8*(i-1)+1 : 8*i).*carrywave;
```

```
end
for i=1：length(modemwave)/8
    demosemwave(8*(i-1)+1：8*i)=modemwave(8*(i-1)+1：8*i).*carrywave；
end
matchfilter=floor(conv(demosemwave，h)/1024)；
desiondata=matchfilter(17：8：end-17)；
outputdata=(sign(desiondata)+1)/2；
```

运行后可以得到匹配滤波器的输出 matchfilter 为

0 −24257 −394 5131306 164152 3774078 −16744382 −28312141 −74974248...

这和 FPGA 的仿真结果是完全一样的。

第三节　QPSK 调制的实现

一、QPSK 调制的基本原理

四相相移调制 (QPSK) 是利用载波的四种不同相位差来表征输入的数字信息，是四进制移相键控。QPSK 是在 $M=4$ 时的调相技术，它规定了四种载波相位分别为 45°，135°，225°，315°，调制器输入的数据是二进制数字序列。为了能和四进制的载波相位配合起来，需要把二进制数据变换为四进制数据，也就是说需要把二进制数字序列中每两个比特分成一组，共有 4 种组合，即 00，01，10，11，其中每一组称为双比特码元。每一个双比特码元由两位二进制信息比特组成，它们分别代表四进制 4 个符号中的一个符号。QPSK 中每次调制可传输两个信息比特，这些信息比特是通过载波的四种相位来传递的。解调器根据星座图及接收到的载波信号的相位来判断发送端发送的信息比待。

QPSK 的调制和解调框图如图 6-1 和图 6-2 所示。

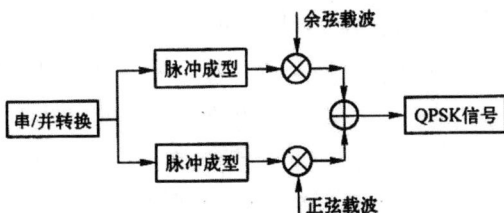

图 6-1　QPSK 调制框图

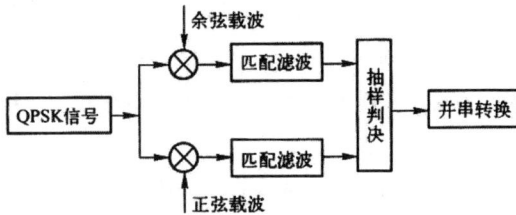

图 6-2   QPSK 解调框图

二、QPSK 调制的 MATLAB 实现

QPSK 的 MATLAB 实现包括发送数据、QPSK 比特映射、成型滤波、载波调制、载波解调、收成型匹配、IQ 抽样判决和接收比特数据恢复 8 个模块。主要的 MATLAB 程序如下：

```
clc ;
clear all ;
%%%%%%%%
%                          比特数据产生
%----------------------------------------------------------
Bits=32 ;
%RataIn=round(rand(1，NBits)) ;
RataIn=[1，1，1，0，0，1，1，1，0，0，1，1，0，1，1，1，0，1，
1，0，1，1，0，0，0，1，1，1，0，1，1，0] ; % 调试时用固定序列
%%%%%%%%%%%%%%%%%%%%%%%%%%%%%%%%%%%%%%%%%%%
%                          串并变换
%----------------------------------------------------------
%                          串并变换
Sym=Bits/2 ;
Data=RataIn(1：2：end)*2+RataIn(2：2：end) ;
%%%%%%%%%%%%%%%%%%%%%%%%%%%%%%%%%%%%%%%%%%%
%                          星座映射与相位调制
%----------------------------------------------------------
%                          星座映射
PhaseTab=exp(j*[0 1 3 2]/4*2*pi) ;        % 格雷映射相位表
```

```
SendIQ=PhaseTab(Data+1);        % 相位调制
%%%%%%%%%%%%%%%%%%%%%%%%%%%%%%%%%%%%%%%%%%%%%
%                    调制符号滤波
%------------------------------------------------------------
%1) 滤波器设计
fb=1000;                        % 符号速率
fs=8000;                        % 采样频率
fc=2000;                        % 载波频率
OverSamp=fs/fb;                 % 过采样率 =8
Delay=3;                        % 单位为调制符号
alpha=0.5;                      % 滚降系数；B=1000/2*(1+0.5)=750Hz
h_sqrt=cosine(1, OverSamp, 'fir/sqrt', alpha, Delay);
                    % 2) 调制符号成型
SendIQ_OverSample=kron(SendIQ, [1 zeros(1, OverSamp-1)]); % 调制
符号过抽样
SendShape_I=conv(real(SendIQ_OverSample), h_sqrt);  %I 路滤波
SendShape_Q=conv(imag(SendIQ_OverSample), h_sqrt);        %Q 路
滤波
Data_View=kron(Data, ones(1, OverSamp));
figure
stem((0：Sym*OverSamp-1)/OverSamp, Data_View);
title(' 过抽样的发送调制符号 ');
axis([0, Sym0 3])
figure；
SUbplot(3, 1, 1)；Plot(h_sqrt)title(' 成型滤波器时域波形 ');
SUbplot(3, 1, 2)；Plot(SendShape_I)；title(' 发送滤波后的 I 路 ');
subplot(3, 1, 3)；plot(SendShape_Q)；title(' 发送滤波后的 Q 路 ');
%%%%%%%%%%%%%%%%%%%%%%%%%%%%%%%%%%%%%%%%%%%%%
%                    载波调制
%------------------------------------------------------------
%%%%%%%%%%%%%% 调制后的波形 %%%%%%%%%%%%%%%%%%%%
N=0：length(SendShape_I)-1;
```

```
CamerCos=cos(2*pi*fc*N/fs) ;
CarrierSin=sin(2*pi*fc*N/fs) ;
ModemWave_I=SendShape_I.*CarrierCos ;
ModemWave_Q=SendShape_Q.*CarrierSin ;
ModemWave=ModemWave_I-ModemWave_Q ;
figure ;
subplot(3，1，1) ; plot(ModemWave_I) ; title(' 调制后的 I 路时域波形 ')
subplot(3，1，2) ; plot(ModemWave_Q) ; title(' 调制后的 Q 路时域波形 ')
subplot(3，I，3) ; plot(ModemWave) ; title(' 调制后的时域波形 ')
figure ;
subplot(3,1,1) ; plot(abs(fft(ModemWave_I)))title(' 调制后的 I 路频域波形 ')
SUbPlot(3,1,2) ; Plot(abS(fft(ModemWave_Q)))title(' 调制后的 Q 路频域波形 ')
SUbplot(3，1，3) ; Plot(abS(fft(ModemWave)))title(' 调制后的频域波形 ')
%%%%%%%%%%%%% 解调后的波形 %%%%%%%%%%%%%%%%%%%%
DemodWave_I=ModemWave.*CarrierCos ;
DemodWave_Q=ModemWave.*CarrierSin ;
figure ;
Subplot(2，2，1) ; plot(DemodWaVe_I) ; title(' 解调后的 I 路时域波形 ')
subplot(2,2,2) ; plot(abs(fft(DemodWave_I))) ; title(' 解调后的 I 路频域波形 ')
subplot(2，2，3) ; plot(DemodWave_Q) ; title(' 解调后的 Q 路时域波形 ')
Subplot(2,2,4) ; plot(abs(fft(DemodWave_Q))) ; title(' 解调后的 Q 路频域波形 ')
%                   匹配滤波
%-----------------------------------------------------------
  RcvMatch_I=conv(DemodWave_I，conj(h_sqrt)) ; %%h_sqrt 是实数，虚
部是不需要的
  RcvMatch_Q=conv(DemodWave_Q，conj(h_sqrt)) ;
figure ;
subplot(2，1，1) ; plot(RcvMatch_I) ; title(' 匹配滤波后的 I 路 ') ;
subplot(2，1，2) ; plot(RcvMatch_Q) ; title(' 匹配滤波后的 Q 路 ') ;
%                   符号抽样
%-----------------------------------------------------------
SymPosia=Delay*OverSamp*2+(0 : OverSamp : (Nbym-1)*Overbamp) ;
```

```
cvI=RcvMatch_I(SymPosia) ;
RcvQ=RcvMatch_Q(SymPosia) ;
figure ;
subplot(2，1，1) ; stem(cvI) ; title('I 路接收抽样 ') ;
subplot(2，1，2) ; stem(RcvQ) ; title('Q 路接收抽样 ') ;
%                              相位解调
%
for n=1 : Sym
if abs(Rcl(n)) > abs(RcvQ(n))
    if(Rcl(n) > 0)
      RcvDem(n)=0
    else
      RcvDem(n)=3 ;
    end
else
    if(RcvQ(n) > 0)
      RcvDem(n)=2 ;
    else
      RcvDem(n)=1 ;
    end
end
end
figure ;
stem(RcvDem) ; title(' 收端抽样判决 ') ;
%                              比特数据
%--------------------------------------------------------
DataOut=[ ] ;
for n=1 : Sym
    DataOut=[DataOut bitshift(RcvDem(n)，-1)biland(RcvDem(n)，1)] ;
    End
                         % 误码位置
    RataIn= =DataOut
```

三、QPSK 调制的 DSP 实现

QPSK 的 DSP 实现和 MATLAB 实现最大的区别还是在于 DSP 是定点的，而 MATLAB 是浮点的。可以将 QPSK 的 DSP 实现分为串并变换、码型变换、过采样、脉冲成型、调制、解调、低通滤波、匹配滤波、符号抽样和判决 10 个部分。为了规范起见，DSP 的实现采用主文件 Main 和应用程序文件相结合的方式，其中 Main 文件主要用来调用初始化程序和应用程序，而具体的初始化以及操作在应用程序中完成。

Main 文件的框架如下：

```
extern void app_ini(void) ;
extern void yaApp(void) ;
main()
{
    app_ini() ;
    do
    {
        yaApp() ;
    }while(1) ;
}
```

具体的 DSP 程序如下：

```
#define Data 32
#define Sym 16
#define OverSamp 8
#define SIZE_SendIQ 1024
#define SIZE_SendShape 1024
#define SIZE_RcvShape 1024
#define SIZE_RcvMatch 1024
short CompSymTab[8]={1, 0, 0, 1, 0, -1, -1, 0} ;
short Coe_RCOS[49]={18, -44, -95, -114, -87, -13, 90, 190,
                    246, 220, 90, -141, -435, -721, -909, -900,
                    -615, -9, 909, 2069, 3352, 4599, 5645, 6340,
                    6584, 6340, 5645, 4599, 3352, 2069, 909, -9,
```

```
                            -615, -900, -909, -721, -435, --141, 90, 220,
                            246, 190, 90, -13, -87, --114, -95, -44, -18};
        short SinTab[8]={0, 23170, 32767, 23170, 0, -23170, -32767, -23170};
        short CosTa[8]=132767, 23170, 0, -23170, -32767, -23170, 0, 23170};
        short LowFilterCoe[33]=10, -57, -61, 48, 187, 103, -269, -483, 0,
                            869, 882, -636, -2261, -1230, 3565, 9570,
                            12312, 9570, 3565, -1230, -2261, -636, 882,
                            869, 0, -483, -269, 103, 187, 48, -61, -57, 0};
        //short Datal[32]={1, 1, 1, 0, 0, 1, 1, 1, 0, 0, 1, 1, 0, 1, 1, 1,
    0, 1, 1, 0, 1, 1, 0, 0, 0, 1, 1, 1, 0, 1, 1, 0};
        short Datal[32]={1, 1, 1, 0, 0, 1, 1, 1, 0, 0, 1, 1, 0, 1, 1, 1,
    0, 1, 1, 0, 1, 1, 0, 0, 0, 1, 1, 1, 0, 1, 1, 0};
        short RataIn_RP;
        short m, n, k;
        short Send_Num;
        short SandI[1024], Send[1024];
        short SendIQ_WP, SendIQ_RP;
        short SendShape_I[1024], SendShape_Q[1024];
        short SendShape_WP, SendShape_RP;
        short ModemWavef1024];
        short ModemWave_WP, ModemWave_RP;
        short DemodemWave_I[1024];
        short DemodemWave_Q[1024];
        short DemodemWave_WP, DemodemWave_RP;
        short LowFilterWave_I[1024];
        short LowFilterWave_Q[1024];
        short LowFilter_WP, LowFilter_RP;
        short RcvShape_I[1024], RcvShape_Q[1024];
        short RcvShape_WP, RcvShape_RP;
        short RcvMatch_I[1024], RcvMatch_Q[1024];
        short RcvMatch_WP, RcvMatch_RP;
        short rEata[64];
```

```
short rEata_WP ;
short BER_Cntr ;
void app_ini(void) ;
void yaApp(void) ;
void app_ini(void)
{
    short i ;
                        // 初始化
    RataIn_RP=0 ;
    rEata_WP=0 ;
    for(i=0 ; i < 256 ; i++)
    {
        SandI[i]=0 ;
        Send[i]=0 ;
        SendShape_I[i]=0 ;
        SendShape_Q[i]=0 ;
        ModemWave[i]=0 ;
        DemodemWave_I[i]=0 ;
        DemodemWave_Q[i]=0 ;
        LowFilterWave_I[i]=0 ;
        LowFilterWave_Q[i]=0 ;
        RcvShape_Ii]=0 ;
        RcvShape_Q[i]=0 ;
        RcvMatch_I[i]=0 ;
        RcvMatch_Q[i]=0 ;
    }
    SendIQ_WP=0 ;
    SendShape_WP=0 ;
    SendShape_RP=0 ;
    RcvShape_WP=0 ;
    RcvShape_RP=0 ;
    RcvMatch_WP=0 ;
```

```
        RcvMatch_RP=0 ;
    }
    void yaApp(void)
    {
        //short m, n, k ;
        short RPt ;
        long Sum_I, Sum_Q ;
        short TempI, Temp ;
        short TempS ;
        SendIQ_WP=48 ;
        for(m=0 ; m < Sym ; m++)
        {                              // 串并
            TempS=(RataIn[2*m]*2)+RataIn[2*m+1] ;
                                       // 相位映射 + 过抽样补 0
            SandI[SendIQ_WP]=CompSymTab[2*TempS] ;
            Send[SendIQ_WP]=CompSymTab[2*TempS+1] ;
            SendIQ_WP+=OverSamp ;
        }
                                       // 发送成型滤波器
      for(m=48 ; m < Sym*OverSamp+48+49 ; m++) // 长 度: Sym*OverSamp+L_
Filter-1
        {
            RPt=m-48 ;                 // 卷积下标: x(n-L+k)
            Sum_I=0 ; Sum_Q=0 ;
            for(n=0 ; n < 49 ; n++)
            {// Coe(k)
                Sum_I=Sum_I+SandI[RPt+n]*Coe_RCOS[n] ;
                Sum_Q=Sum_Q+Send[RPt+n]*Coe_RCOS[n] ;
        }
            SendShape_I[m]=Sum_I > > 0 ;
            SendShape_Q[m]=Sum_Q > > 0 ;
        }
```

```
                            // 调制
      for(m=0；m ＜ Sym*OverSamp+48+49；m++)
        {
         ModemWave[m]=((SendShape_I[m]*CosTa[m&7]) ＞ ＞ 14)-((SendShape_
Q[m]*SinTab[m&7]) ＞ ＞ 14)；
        }
      // 解调
      for(m=0；m ＜ Sym*OverSamp+48+49；m++)
        {
            DemodemWave_I[m]=(ModemWave[m]*CosTa[m&7]) ＞ ＞ 14；
            DemodemWave_Q[m]=(ModemWave[m]*SinTab[m&7]) ＞ ＞ 14；
        }
                            // 收匹配
      for(m=0；m ＜ (Sym*8+49)；m++)
      {
         Sum_I=0；Sum_Q=0；
         for(n=0；n ＜ 49；n++)
         {
    Sum_I=Sum_I+(((long)DemodemWave_I[m+n]*(long)Coe_RC0S[n]) ＞ ＞ 3)；
         Sum_Q=Sum_Q+(((long)
    DemodemWave_Q[m+n]*(long)Coe_RCOS[n]) ＞ ＞ 3)；
         }
         RcvMatch_I[m]=Sum_I ＞ ＞ 15；
         RcvMatch_Q[m]=Sum_Q ＞ ＞ 15；
      }
                            // 符号抽样判决
      RPt=48；
      for(m=0；m ＜ Sym；m++)
      {
         TempI=RcvMatch_I[RPt]；
         Temp=RcvMatch_Q[RPt]；
         if(abs(TempI) ＞ abs(Temp))
```

```
        {
        if(TempI > 0)
        {
          rEata[rEata_WP++]=0 ;
          rEata[rEata_WP++]=0 ;
        }
        else
        {
          rEata[rEata_WP++]=1 ;
          rEata[rEata_WP++]=1 ;
        }
        else
        {
          if(Temp > 0)
          {
          rEata[rEata_WP++]=1 ;
          rEata[rEata_WP++]=0 ;
          }
          else
          {
          rEata[rEata_WP++]=0 ;
          rEata[rEata_WP++]=1 ;
          }
        }
        RPt +=OverSamp ;
    }
//BER
    BER_Cntr=0 ;
    for(m=0 ; m < Data ; m++)
    {
        if(RataIn[m]!=rEata[m])
          BER_Cntr++ ;
```

```
          }
          m=0 ;
      }
```

四、QPSK 调制的 FPGA 实现

QPSK 的 FPGA 实现和 BPSK 的 FPGA 实现差不多，都是采用 TOP-down 的模式，即自顶向下，主要的模块如图 6-3 所示。

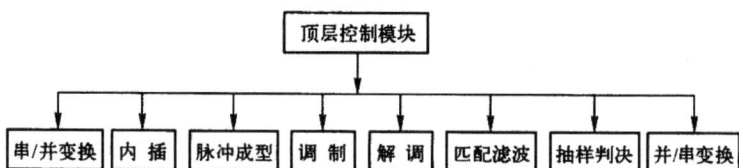

图 6-3   QPSK 调制解调的 FPGA 实现框图

要实现 QPSK 调制，先要经过串 / 并变换把输入数据变为 I 路和 Q 路两路数据，分别对这两路数据进行内插、脉冲成型，然后进行调制、解调时，也是将一路数据分为两路，然后分别对每路数据进行抽样判决，最后进行抽样判决及并 / 串变换得到输出的结果。和 BPSK 相比，QPSK 主要增加了串 / 并变换和并 / 串变换两个模块，其他的模块和 BPSK 的类似，所以下面重点介绍这两个模块的实现。

串 / 并变换模块主要是把串行的二进制比特转换为 I 路和 Q 路数据，相应的 VHDL 程序如下：

```
LIBRARY IEEE ;
USE IEEE.STD_LOGIC_1164.ALL ;
USE IEEE.STD_LOGIC_ARITH.ALL ;
USE IEEE.STD_LOGIC_SIGNED.ALL ;
ENTITY SeriaLParallel IS
    PORT(
    Elk              :IN STD_LOGIC ;
    Rst              :IN STD_LOGIC
    data_in          :IN STD_LOGIC
    din_nd           :IN STD_LOGIC
```

```vhdl
        goutl                    :OUT STD_LOGIC_VECTOR(1 unto 0) ;
        goutI_rd                 :OUT STD_LOGIC ;
        goutQ                    :OUT STD_LOGIC_VECTOR(1 unto 0) ;
        goutQ_rd                 :OUT STD_LOGIC ;
        ) ;
END SeriaLParallel ;
ARCHITECTURE Behavioral OF Serial_Parallel IS
Signal          din_nd_gly        :std_logic ;
Signal          input2bits        :std_logic_vextor(1 unto 0) ;
Signal          state             :integer range 0 to 3 ;
BEGIN
process(est， elk)
    begin
        if(est='1')then
        goutl                    < =(others= > '0') ;
        goutl_rd                 < ='0' ;
        goutQ                    < =(others= > '0') ;
        goutQ_rd                 < ='0' ;
        din_nd_gly               < ='0' ;
        input2bits               < ="00" ;
        state                    < =0 ;
    elsif(elk'event and elk='1')then
        din_nd_gly               < =din_nd ;
        case state is
            when 0                   = >
                if(din_nd_gly='0'and din_nd='1')then
                  input2bits(1) < =input2bits(0) ;
                  input2bits(0) < =data_in ;
                  state < =1 ;
                end if ;
            when 1                   = >
                if(din_nd_gly='0'and din_nd='1')then
```

```
                    input2bits(1) < =input2bits(0) ;
                    input2bits(0) < =data_in ;
                    state < =2 ;
                end if ;
            when 2                    = >
                state < =3 ;
                CASE input2bits IS
                    WHEN " 00 " = > goutl_rd < ='1';
                            goutl < ='01' ;
                            goutQ_rd < ='1';
                            goutQ < ="00" ;
                        WHEN"01"= >
                        Doutl_rd < ='1' ;
                        goutl < ="00" ;
                        goutQ_rd < ='1';
                        goutQ < ="01" ;
                    WHEN"10"= >
                            goutl_rd < ='1';
                            goutl < ="00" ;
                            goutQ_rd < ='1';
                            goutQ < ="11" ;
                    WHEN"11"= >
                            goutl_rd < ='1';
                            goutl < ="11" ;
                            goutQ_rd < ='1';
                            goutQ < ="00" ;
                    WHEN OTHERS= >
                END CASE ;
            when3 = >
                goutI_rd < ='0' ;
                goutQ_rd < ='0' ;
                state < =0 ;
```

```
                END CASE ;
            end if ;
        endprocess ;
END Behavioral ;
```

并串变换模块主要是把 I 路和 Q 路抽样后判决的 2bit 输出变为 1bit 的输出，具体的程序如下：

```
library ieee ;
use ieee.std_logic_1164.all ;
use ieee.std_logic_arith.all ;
use ieee.std_Logic_signed，all ;
ENTlTYparallel_serialIS
port
    (
        elk : in std_Logic ;
        est : in std_Logic ;
        datal : in std_logic_vextor(1 unto 0) ;
        data_nd : instr_Logic ;
        gout : outstd_logic ;
        gout_rd : oIitstd_logic
    ) ;
end parallel_serial ;
architecture part of parallel_serial is
signaldata_nd_gly : std_logic ;
signalcount : integer range 0 to 500 ;
signalstate : integer range 0 to1 ;
begin
    process(est，elk)
    begin
        if(est='1')then
            data_nd_gly < ='0' ;
            count < =0 ;
            state < =0 ;
```

```vhdl
                    gout  < ='0' ;
                    gout_rd  < ='0' ;
            elsif(elk'event and cvi='1')then
            data_nd_gly  < =data_nd ;
                CASE state IS
                    WHEN 0 = >
                            if(data_nd_gly='0' and data_nd='1')then
                              gout  < =dataIQ(1) ;
                              gout_rd  < ='1' ;
                              state  < =1 ;
                            else
                              gout_rd  < ='0' ;
                            end if ;
                    WHEN 1 = >
                            if(count=500)then
                                  gout  < =dataIQ(0) ;
                                  gout_rd  < ='1' ;
                                  state  < =0 ;
                                  count  < =0 ;
                            else
                                  count  < =count+1 ;
                                  gout_rd  < ='0' ;
                            end if ;
                    END CASE ;
                end if ;
            end process ;
            end part ;
```

其他模块的 VHDL 程序可以参考前面的内容进行编程。在完成上述模块的编写之后，就可以参考前面 Quartus 的应用进行程序的编译了，编译成功之后，准备进行功能仿真，功能仿真之前需要编写波形仿真文件。在设置波形文件时，需要设置系统时钟 elk 的周期为 1MHz、输入数据 data_in 的宽度为 $500\,\mu$ s、din_in 的周期为 2000Hz、采样频率为 8000Hz。最后的仿真中 gout 和 dout_rd 是最后输出的数据和数据的指示信号，通过比较可以发现，输出 gout 和发送的 data_in 是一致的。

其余的信号为中间的测试信号，主要是便于中间过程的调试。

也可以按照上面的仿真数据编写一个 MATLAB 程序，具体的程序如下：

```
clc ; clear ;
fh=2000 ;
fc=2000 ;
fs=8000 ;
n=0:7 ;
carrywave=fix(sin(2*pi*fc/fs*n)*128) ;
SinWave=[0 127 0−128 0 127 0−128] ;
CosWave=[127 0−128 0 127 0−128 0] ;
 h=[−308 −5 454 1034 1675 2299 2822 3169 3291 3169 2822 2299 1675
1034 454 −5 −308] ;
data_in=[0 1 1 1 0 0 1 0 1 0 1 1 0 1] ;
for i=1 : length(data_in)/2
    inputdata=data_in(2*(i−1)+1 : 2*1) ;
    if(inputdata= =[0 0])
      sataI(i)=1 ;
      data(i)=0 ;
  elseif(Inputdata : = =[0 1])
      sataI(i)=0 ;
      data(i)=1 ;
  elseif(inputdata= =[1 1])
      sataI(i)=−1 ;
      data(i)=0 ;
  elseif(inputdata= =[1 0])
      sataI(i)=0 ;
      data(i)=−1 ;
    end
end
dataIup=kron(dataI, [1 zeros(1, 7)]) ;
```

```
        dataup=kron(data，[1 zeros(1，7)])；
        shape=conv(dataIup，h)；
        shapeQ=conv(dataup，h)；
        for i=1：length(shapeI)/8
                modemwave(8*(i−1)+1：8*i)=shape(8*(i−1)+1：8*i).*CosWave−shape(8*(i−1)+1：
8*i).*SinWave；
        end
        for i=1：length(modemwave)/8
                demosemwaveI(8*(i−1)+1：8*i)=modemwave(8*(i−1)+1：8*i).*CosWave；
demosemwaveQ (8*(i−1)+1：8*i)=modemwave(8*(i−1)+1：8*i).*SinWave；
        end
        matehfilterI=floor(conv(demosemwaveI，h)/1024)；
        matehfilterQ=floor(conv(demosemwaveQ，h)/1024)；
        desiondataI=matchfilterI(17：8：end−17)；
        desiondata=matchfilterQ(17：8：end−17)；
        for i=1：length(desiondataI)
            if(abs(desiondataI(i)) > abs(desiondata(i)))
                if(desiondataI(i) > 0)
                    dataIQ(i)=0；
                else
                    dataIQ(i)=3；
                end
            elseif(desiondata(i) > 0)
                    dataIQ(i)=2；
                else
                    dataIQ(i)=1；
                end
            end
        dataout=reshape((de2bi(datal，'left−msb'))'1，14)
```

运行后可以得到匹配滤波后的两路输出分别为

matchfilterI=[0 0 0 0 0 0 0 −1494201 −24257 4439802 5052565
12954001...]

matchfilterQ=[0 −24257 −394 5131306 164152 3774078 −16744382 −28312141 −74974248 −114728084 −187606951 −252673965 −334997632...]

这两路的输出结果和 VHDL 的结果是一样的。

第四节　QAM 调制的实现

一、QAM 调制的基本原理

QAM(Quadrature Amplitude Modularion，正交幅度调制）的幅度和相位同时变化，属于非恒包络二维调制。QAM 是用两路独立的基带信号对两个相互正交的同频载波进行抑制载波双边带调幅，利用这种已调信号的频谱在同一带宽内的正交性，实现两路并行的数字信息的传输。该调制方式通常有二进制 QAM(4QAM)、四进制 QAM(16QAM)、八进制 QAM(64QAM) 等。

典型的 QAM 星座图和映射关系如图 6-4~ 图 6-6 所示。

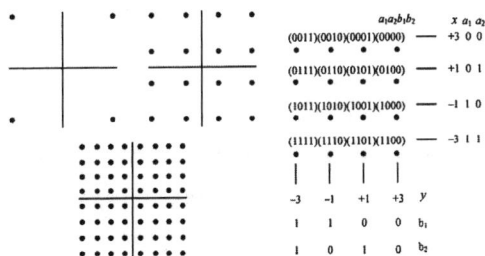

图 6-4　常用的 QAM 星座图

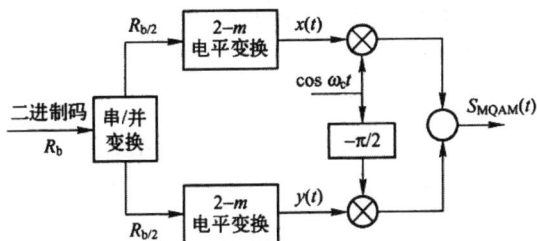

图 6-5　QAM 的调制框图

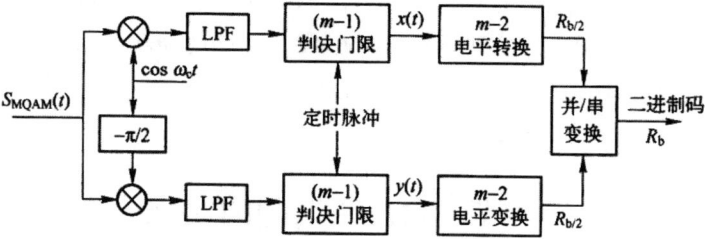

图 6-6　QAM 的解调框图

二、16QAM 调制的 MATLAB 实现

16QAM 的 MATLAB 实现包括串 / 并变换、比特映射、发送成型滤波、载波调制、载波解调、接收匹配滤波、IQ 抽样判决、接收比特数据恢复 8 个模块。主要参数：基带信号速率为 1Hz，载波频率为 4Hz，采样频率为 16Hz。主要的 MATLAB 程序如下：

```
clear ; clc ; echo off ; close all ;
N=1000 ;                  % 设定码元数量
fb=1 ;                    % 基带信号频率
fs=16 ;                   % 抽样频率
fc=4 ;  % 载波频率，为便于观察已调信号，把载波频率设得较低
info=rani([0 1]，1，N) ; % 产生二进制信号序列
%%% 首先进行串并变换 %%%%%%%%%%%%%%%%%%%%%%%%%%%
Ibit=info(1：2：length(info)) ; %%N/2 个比特
bit=info(2：2：length(info)) ; %%N/2 个比特
%%%%%%%%%%%%%% 比特到 4 电平的映射 %%%%%%%%%%%%%%%%%
%%%%%%%%% 映射规则如下：00- - > -1.5；01- - > -0.5；11- - >
0.5；10- - > 1.5；%%%%%%%%
% info=[1 1 0 0 1 0 1 0 0 0 1 1] ;
% Ibit=info(1：2：length(info)) ; %%N/2 个比特
% bit=info(2：2：length(info)) ; %%N/2 个比特
T=[0 1；3 2] ;
for i=1：2：length(Ibit)
        Ibit2=Ibit(i：i+1)+1 ;
```

```
        Symbol(i+1)/2)=T(Ibit2(1)，Ibit2(2))-1.5；
        bit2=bit(i：i+1)+1；
        Symbol((i+1)/2)=T(bit2(1)，bit2(2))-1.5；
    end
    figure；
    subplot(2，1，1)；stem(Symbol)；title('I 路符号')；
    subplot(2，1，2)；stem(Symbol)；title('Q 路符号')；
```

% 对基带信号进行 16QAM 调制，fb=1，I 路和 Q 路的符号速率均为 1/4，而 fs=32，因此过采样率为 $32 \times 4=128$，所以最后产生的数据有 $N/4 \times 128$ 个。

```
    OverSamp=fs/(fb/4)；              % 过采样率 =32/(1/4)=128
    Delay=3；                         % 单位为调制符号
    alpha=0.5；                       % 滚降系统；B=1000/2*(1+0.5)=750Hz
    h_sqrt=cosine(1，OverSamp，'fir/sqrt'，alpha，Delay)；
    Symbol_OverSample=kron(Symbol，[1 zeros(1，OverSamp-1；])；
    Symbol_OverSample=kron(Symbol，[1 zeros(1，OverSamp-1)])；
                    %2) 调制符号成型
    %SendShape_I=filter(h_sqrt，1，Symbol_OverSample)；   % I 路滤波
    %SendShape_Q=filter(h_sqrt，1，Symbol_OverSample)； % Q 路滤波
    SendShape_I=conv(h_sqrt，Symbol-OverSample)；        % I 路滤波
    SendShape_Q=conv(h_sqrt，Symbol_0verSample)；        % Q 路滤波
    figure；
    Subplot(3，1，1)；Plot(h_Sqrt)；title(' 成型滤波器时域波形')；
    subplot(3，1，2)；plot(SendShape_I)；title(' 脉冲成型后的 I 路波形')；
    Subplot(3，1，3)；Plot(SendShape_Q)；title(' 脉冲成型后的 Q 路波形')；
                                        %3) 载波调制 fc
    N=0：length(SendShape_I)-1；
        QamSignal=SendShape_I.*cos(2*pi*fc*N/fs)-SendShape_
    Q.*sin(2*pi*fc*N/fs)；
                                        % 调制
    figure；
    plot(abs(fft(QamSignal)))；title('QAM 信号的频谱')；
    %%%%%%%%% 解调 %%%%%%
```

DemodWave_I=QamSignal*cos(2*pi*fc*N/fs)；

DemodWave_Q=QamSignal.*sin(2*pi*fc*N/fs)；

figure；

subplot(2，2，1)；plot(DemodWave_I)；title(' 解调后的 I 路时域波形 ')

subplot(2,2,2)；Plot(abs(fft(DemodWave_I)))title(' 解调后的 I 路频域波形 ')

subplot(2，2，3)；plot(DemodWave_Q)；title(' 解调后的 Q 路时域波形 ')

subplot(2，2，4)；plot(abs(fft(DemodWave_Q)))title(' 解调后的 Q 路频域波形 ')

%%%% 匹配滤波接收 %%%%%

%RcvMatch_I=filter(h_sqrt，1，SendShape_I)；%%h_sqrt is real，conj isn't necessary.

%RcvMatch_Q=filter(h_sqrt，1，SendShape_Q)；

RcvMatch_I=conv(h_sqrt，SendShape_I)；%%h_sqrt is real，conj isn't necessary.

RcvMatch_Q=conv(h_sqrt，SendShape_Q)；

figure；

subplot(2，1，1)；Plot(RCvMatCh_I)title(' 匹配滤波后的 I 路 ')；

SUbplot(2，1，2)；plot(RcvMatch_Q)；title(' 匹配滤波后的 Q 路 ')；

%%%%%% 取样判决 %%%%%%%

%%% 符号抽样 %%%%

%SynPosi=Delay*OverSamp*2++LowFilterLen/2；

%SymPosia=SynPosi+(0：OverSamp：(Sym−1)*OverSamp)；

SymPosia=length(h_sqrt)：OverSamp：length(RcvMatch_I)−length(h_dart)+1；

cvI=RcvMatch_I(SymPosia)；

RcvQ=RcvMatch_Q(SymPosia)；

figure；

subPlot(2，1，1)；stem(cvI)；title('I 路抽样判决后的符号 ')；

subPlot(2，1，2)；stem(RcvQ)；title('Q 路抽样判决后的符号 ')；

%%%%%4 电平到 2 比特的映射 %%%

%%% 先把 ±0.5，±1.5，转换为 0，1，2，3，然后再转换为 00，01，11，10%%%%%

%%%%%%%%%% 映射规则如下：−1.5− − > 00；0.5− − > 01；0.5− − >

11；1.5-- > 10；%%%%%

  I0=find(cvI < -1)；

  YouyI(I0)=0；

  I1=find(-1 < cvI & cvI < 0)；

  YouyI(I1)=1；

  I2=find(0 < cvI & cvI < 1)；

  YouyI(I2)=3；

  I3=find(cvI > 1)；

  YouyI(I3)=2；

  Q0=find(RcvQ < -1)；

  YoutIQ(Q0)=0；   %00bit

  Ql=find(-1 < RcvQ & RcvQ < 0)；

  YoutIQ(Q1)=1；   %01bit

  Q2=find(0 < RcvQ & RcvQ < I)；

  YoutIQ(Q2)=3；   %11bit

  Q3=find(RcvQ > 1)；

  YoutQ(Q3)=2；   %10hit

% 一位四进制码元转换为两位二进制码元

for i=1：length(info)/4

  YoutIbit(2*i-1：2*i)=de2bi(YouyI(i), 'left-msb', 2)；

  Youtbit(2*i-1：2*i)=de2bi(YoutQ(i), 'left-msb', 2)；

end；

GoutIQ=[YoutIbit；Youtbit]；

Gout=YoutIQ(：)'；

errorbit=sum(abs(Gout-info))

debug=0；

  通过比较一开始发送和抽样判决后的 I 路和 Q 路符号图形可知，接收的信号和发送的信号一致。

三、16QAM 调制的 DSP 实现

  由于成型滤波器的阶数比较长，因此可以采用文件的方式，先把滤波器的系数写到一个文件中，然后再复制到 CCS 文件中。

```
h_sqrt=rcosme(1, Overaamp, 'fir/sqrt', alpha, Delay);
h_sqrtFix=round(h_sqrt*(2 " 14-1));
fid1=fopen('h_sqrtFix1.txt', 'w');
printf(fid1,, h_sqrtFix[% 6d]=\n|', length(h_sqrtFix));
for i=1 : length(h_sqrtFix)
    printf(fid1, '% 6d , ', h_sqrtFix(i));
    if(mod(i, 16)= =0)
        printf(fid1, '\n');
    end
end
printf(fid1, '\n');
fclose(fid1);
```

具体的 CCS 程序如下：

```
#define        Fs                              16
#define        fb                              1
#define        fc                              4
#define        Data                            412
#define        Sym                             43
#define        OverSamp                        4Fs/fb*4
#define        Delay                           43
#define        ReshapeFilterLen OverSamp*2*Delay+1
#deme          SIZE_SendIQ                     41024
#define        SIZE_SendShape                  41024
#define        SIZE_RcvShape                   41024
#define        SIZE_RcvMatch                   41024
horti ;
shortm, n, k ;
short CompSymTab[8]={1, 0, 0, 1, 0, -1, -1, 0} ; //QPSK：00 对应
```

星座上的坐标为 1，0；01 对应星座上的坐标为 0，1；11 对应星座上的坐标为 -1，0；而 10 对应星座上的坐标为 0，-1

```
shortY[4]={0, 1, 3, 2} ;
short Coe_RCOS[ReshapeFilterLen]=|6, 4, 1, -2, -5, -7, -10, -13,
```

-16，-18，-21，-23，-26，-34，-35，-37，-38，-39，-40，-39，-38，
-36，-35，-33，1，-2，-5，28，-30，-32，
-34，-35，-37，-38，-39，-40，-40，-40，-40，
-39，-38，-36，-35，-33，
-31，-28，-26，-23，-20，-16，-13，-9，-5，-1，4，8，13，17，22，27，
32，36，41，46，50，55，59，63，67，71，74，77，80，82，84，86，
87，88，88，87，87，85，83，81，78，74，70，65，60，53，47，40，
32，23，14，5，-5，-16，-27，-38，-50，-62，-75，-87，-100，-113，-127，-140，
-154，-167，-180，-194，-206，-219，-232，-243，-255，-266，-276，
-286，-295，-303，-310，-316
-321，-325，-328，-330，-330，-329，-327，-323，-318，-311，
-303，-293，-281，-268，-253，-236，
-217，-197.，-175，-151，-125，-97，-67，-36，-3，32，68，
106，146，188，，231，275
321，368，417，467，518，570，623，677，731，787，843，899，
956，1013，1070，1128，
1185，1242，1299，1355，1411，1466，1520，1574，1626，1677，
1727，1776，1823，1869，1913，1955，
1996，2034，2070，2105，2137，2167，2194，2219，2241，2261，
2279，2294，2306，2315，2322，2326，
2328，2326，2322，2315，2306，2294，2279，2261，2241，2219，
2194，2167，2137，2105，2070，2034，
1996，1955，1913，1869，1823，1776，1727，1677，1626，1574，
1520，1466，1411，1355，1299，1242，
1185，1128，1070，1013，956，899，843，787，731，677，623，
570，518，467，417，368，
321，275，231，188，146，106，68，32，-3，-36，-67，-97，-125，
-151，-175，-197，
-217，-236，，-253，-268，-281，-，
293，-303，-311，-318，-323，-327，-329，-330，-330，-328，-325
-321，-316，-310，-303，-295，-286，-276，-266，-255，-243，-232，
-219，-206，-194，-180，-167，

−154，−140，−127，−113，−100，−87，−75，−62，−50，−38，−27，−16，−5，5，14，23，

32，40，47，53，60，65，70，74，78，81，83，85，87，87，88，88，87，86，84，82，80，77，74，71，67，63，59，55，50，46，41，36，32，27，22，17，13，8，4，−1，−5，−9，−13，−16，−20，−23，−26，−28，−31，−33，−35，−36，−38，−39，−40，−40，−40，−40，−40−40，−39，−38，−37，−35，

−34，−32，−30，−28，−26，−23，−21，−18，−16，−13，−10，−7，−5，−2，1，4，

6} ；

short SinTab[4]={0，2048，0，−2048} ；

short CosTa[4]={2048，0，−2048，0} ；

short Datal[12]={1，1，0，0，1，0，1，0，0，0，1，1} ；

short RataIn_RP ；

short Send_Num ；

short SendIbit[1024]，Sendbit[1024] ；

short SandI[1024]，Send[1024] ；

short SendIQ_WF，SendIQ_RP ；

short SendShape_I[1024]，SendShape_Q[1024] ；

short SendShape_WP，SendShape_RP ；

short QamSignal[1024] ；

short QamSignal_WP，QamSignal_RP ；

short DeQamSigIf1024]，DeQamSigQ[1024] ；

short RcvShape_I[1024]，RcvShape_Q[1024] ；

short RcvShape_WP，RcvShape_RP ；

short RcvMatch_I[1024]，RcvMatch_Q[1024] ；

short RcvMatch_WP，RcvMatch_RP ；

short rEata[64] ；

short rEata_WP ；

short BER_Cntr ；

void app_ini(void) ；

void yaApp(void) ；

```
void app_ini(void)
{
//short i ;
```

// 初始化

```
    RataIn_RP=0 ;
    rEata_WP=0 ;
    for(i=0 ; i < 1024 ; i++)
    {
        Sendlbit[i]=0 ;
        Sendbit[i]=0 ;
        SandI[i]=0 ;
        Send[i]=0 ;
        SendShape_I[i]=0 ;
        SendShape_Q[i]=0 ;
        QamSignal[i]=0 ;
        DeQamSigIfi]=0 ;
        DeQamSigQ[i]=0 ;
        RcvShape_I[i]=0 ;
        RcvShape_Q[i]=0 ;
        RcvMatch_I[i]=0 ;
        RcvMatch_Q[i]=0 ;
    }
    SendShape_WP=0 ;
    SendShape_RP=0 ;
    QamSignal_WP=0 ;
    QamSignal_RP=0 ;
    RcvShape_WP=0 ;
    RcvShape_RP=0 ;
    RcvMatch_WP=0 ;
    RcvMatch_RP=0 ;
}
void yaApp(void)
```

```
{
// short, n, k;
    short RPt;
    long Sum_I, Sum_Q;
    longTempI, Temp;
    short TempS;
    for(m=0 ; m < Data/2 ; m++)
    {
        Sendlbit[m]=RataIn[2*m];
        Sendbit[m]=RataIn[2*m+1];
    }
    for(m=0 ; m < Data/4 ; m++)
    {
        SandI[m]=(T[SendIbitf2*m]*2+SendIbitf2*m+1]]-1.5)*2;
        Send[m]=(T[SendQhit[2*m]*2+Sendbit[2*m+1]]-1.5)*2;
    }
    for(m=0 ; m < Data/4 ; m++)          // 发送滤波器成型
    {
        for(n=0 ; n < ReshapeFilterLen ; n++)
        {
    SendShape_I[OverSamp*m+n]=SendShape_I[OverSamp*m+n]+SandI[m]*Coe_
RCOS[n];
        SendShape_Q[OverSamp*m+n]=SendShape_Q[OverSamp*m+n]+Send[m]*Coe_
RCOS[n];
        }
    }
                                    //QAM 调制
    for(m=0 : m < ReshapeFilterLen+OverSamD*Data/4-1 ; m++)
    {
    QamSignal[m]=((long)SendShape_I[m]*(long)CosTa[m%4]-(long)SendShape_
Q[m]*(long) SinTab[m%4]) > > 11;
    }
```

```
                              //QAM 解调
     for(m=0；m < ReshapeFilterLen+OverSamp*Data/4-1；m++)
{

        DeQamSigI[m]=((long)QamSignal[m]*(long)CosTa[m%4]) > > 11；
        DeQamSigQ[m]=((long)QamSignal[m]*(long)SinTab[m%4]) > > 11；

}
```

// 收匹配

// 输入信号的长度为 576，匹配滤波器的长度为 385，所以滤波后的长度为 576+385-1=960

```
     Sum_I=0；
     Sum_Q=0；
     //for(m=0；m < ReshapeFilterLen*2+OverSamp*Data/4-2；m++)
     for(m=0；m < 960；m++)
     {
        //for(n=0；n < ReshapeFilterLen+OverSamp*Data/4-1；n++)
        for(n=0；n < 576；n++)
        {
          if((m-n < 0)|(m-n > 384))
          {
            TempI=0；
            Temp=0；
          }
          else
          {
            TempI=(long)Coe_RCOS[m-n]*(long)DeQamSigI[n]；
            Temp=(long)Coe_RCOS[m-n]*(long)DeQamSigQ[n]；
          }
          Sum_I=Sum_I+TempI；
          Sum_Q=Sum_Q+Temp；
        }
        RcvMatch_I[m]=Sum_I > > 16；
        RcvMatch_Q[m]=Sum_Q > > 16；
```

```
        Sum_I=0 ;
        Sum_Q=0 ;
    }
    // 符号抽样判决，以 < -4000，-4000 ~ 0，0 ~ 4000，> 4000 为判
断的门限
        RPt=384 ;
        for(m=0 ; m < Sym ; m++)
        {
            Tempi=RcvMatch_I[RPt] ;
            Temp=-RcvMatch_Q[RPtr] ;
            if(Tempi < -4000)
            {
                rEata[4*m]=0 ;
                rEata[4*m+2]=0 ;
            }
            else if(-4000 < TempI && TempI < 0)
            {
                rEata[4*m]=0 ;
                rEata[4*m+2]=1 ;
            }
            else if(0 < TempI && TempI < 4000)
            {
                rEata[4*m]=1 ;
                rEata[4*m+2]=1 ;
            }
            else if(TempI > 4000)
            {
                rEata[4*m]=1 ;
                rEata[4*m+2]=0 ;
            }
            if(Temp < -4000)
            {
```

```
        rEata[4*m+1]=0 ;
        rEata[4*m+3]=0 ;
    }
    else if(-4000 < Temp && Temp < 0)
    {
        rEata[4*m+1]=0 ;
        rEata[4*m+3]=1 ;
    }
    else if(0 < Temp && Temp < 4000)
    {
        rEata[4*m+1]=1 ;
        rEata[4*m+3]=1 ;
    }
    else if(Temp > 4000)
    {
        rEata[4*m+1]=1 ;
        rEata[4*m+3]=0 ;
    }
    RPt+=OverSamp ;
}
                              //BER
BER_Cntr=0 ;
for(m=0 ; m < Data ; m++)
{
    if(RataIn[m] ！ =rEata[m])
        BER_Cntr++ ;
}
m=0 ;
}
```

四、16QAM 调制的 FPGA 实现

16QAM 的 FPGA 实现和 QPSK 的 FPGA 实现差不多，都是用采用 TOP-down 的模式,即自顶向下,主要的模块如图 6-7 所示。

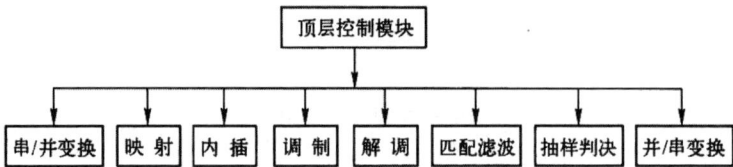

图 6-7   16QAM 调制解调的 FPGA 实现框图

要实现 16QAM 调制,先要经过串 / 并变换把输入数据变为 I 路和 Q 路两路数据,分别对这两路数据进行 2bit 的映射,然后进行内插、脉冲成型,最后进行调制。解调时,也是将一路数据分为两路,然后分别对每路数据进行抽样判决,最后进行抽样判决及并 / 串变换得到输出的结果。和前面介绍的几种调制方式相比,16QAM 调制的主要区别也是在于串 / 并变换、星座映射和并 / 串变换两个模块,所以下面重点介绍这两个模块的实现。

串 / 并变换模块主要是把串行的二进制比特转换为 I 路和 Q 路数据,把 4bit 数据按照第 1bit 和第 3bit 的方式组合成 I 路数据,而把第 2bit 和第 4hit 组合成 Q 路数据,相应的 VHDL 程序如下:

```
LIBRARY IEEE ;
USE IEEE.STD_LOGIC_1164.ALL ;
USE IEEE.STD_LOGIC_ARITH.ALL ;
USE IEEE.STD_LOGIC_SIGNED.ALL ;
ENTITY serial.parallel IS
PORT(
elk : IN STD_LOGIC ;
est : IN STD_LOGIC ;
datajn : IN STD_LOGIC ;
din-nd : IN STD_LOGIC ;
goutl : OUT STD_LOGIC_VECTOR(1 DOWNTO 0) ;
goutQ : OUT STD_LOGIC_VECTOR(1 DOWNTO 0) ;
goutIQ_rd : OUT STD_LOGIC
) ;
END serial_parallel ;
ARCHITECTURE Behavioral OF serial_parallel IS
```

```vhdl
signal din_nd_gly : std_logic ;
signalBIT2I : std_logic_vextor(1 unto 0) ;
signal BIT2Q : std_logic_vextor(1 unto 0) ;
signalBITIQ_rd : std_logic ;
signal count : integer range 0 to 3 ;
signalstate : integer range 0 to 1 ;
signal firstbit, secondbit, thirdbit, fourthbit : std_logic ;
BEGIN
process(est, elk)
begin
if(est='1')then
goutI < =(others= > '0') ;
goutIQ_rd < ='0' ;
goutQ < =(others= > '0') ;
din_nd_gly < ='0' ;
count < =0 ;
state < =0 ;
elsif(elk'event and elk='1')then
din_nd_gly < =din_nd ;
case states
when 0= >
goutIQ_rd < ='0' ;
if(din_nd_gly='0'and din_nd='1')then
if(count=0)then
firstbit < =data_in ;
count < =count+1 ;
elsif(count=1)then
secondbit < =data_in ;
count < =count+1 ;
elsif(count=2)then
thirdbit < =data_in ;
count < =count+1 ;
```

```
    elsif(count=3)then
    fourthbit < =data_in ;
    count < =0 ;
    state < =1 ;
    endif ;
    endif ;
    when 1= >
    goutI < =firstbit & thirdbit ;
    goutQ < =secondbit & fourthbit ;
    goutIQ_rd < ='1' ;
    state < =0 ;
    end case ;
    end if ;
    end process ;
    END Behavioral ;
```

　　完成串行之后，需要对 I 路数据和 Q 路数据进行映射，映射的规则见表
6-1。

表6-1　星座映射规则

I/Q 路比特	0 0	0 1	1 0	1 1
星座上的坐标	−1.5	−0.5	0.5	1.5
映射后的补码	101	111	001	011

　　具体的 VHDL 程序如下：

```
    LIBRARY IEEE ;
    USE IEEE.STD_LOGIC_1164.ALL ;
    USE IEEE.STD_LOGIC_ARITH.ALL ;
    USE IEEE.STD_LOGIC_SIGNED.ALL ;
    ENTITY QAMmapping IS
    PORT(
    elk : IN STD.LOGIC ;
    est : IN STD_LOGIC ;
```

```vhdl
satal_in : IN STD_LOGIC_vextor(1 unto 0) ;
data_in : IN std_logic_vextor(1 unto 0) ;
din.nd : IN STD.LOGIC ;
QAMdataI : OUT STD_LOGIC_VECTOR(2 DOWNTO 0) ;
QAMdata : OUT STD_LOGIC_VECTOR(2 DOWNTO 0) ;
QAMdata.rd : OUT STD_LOGIC
) ;
END QAMmapping ;
ARCHITECTURE Behavioral OF QAMmapping IS
signal din_nd_gly : std_logic ;
BEGIN
process(est, elk)
begin
if(est='1')then
QAMdataI < =(others= > '0') ;
QAMdata < =(others= > '0') ;
QAMdata_rd < ='0' ;
din_nd_gly < ='0' ;
elsif(elk'eventandelk='1')then
din_nd_gly < =din_nd ;
if(din_nd_gly='0'anddin_nd='1')then
case satal_in is
when"00"= > QAMdataI < ="101" ;
when"01"= > QAMdataI < ="111" ;
when"10"= > QAMdataI < ="011" ;
when"11"= > QAMdataI < ="001" ;
end case ;
case data_in is
when"00"= > QAMdata < ="101" ;
when"01"= > QAMdata < ="111" ;
when"10"= > QAMdata < ="011" ;
when"11"= > QAMdata < ="001" ;
```

```
end case ;
QAMdata_rd < ='1' ;
else
QAMdata_rd < ='0' ;
end if ;
end if ;
end process ;
END Behavioral ;
```

其他模块的 VHDL 程序可以参考前面的内容进行编程。在完成上述模块的编写之后，就可以参考前面 Quartus 的应用进行程序的编译了。编译成功之后，准备进行功能仿真，功能仿真之前需要编写波形仿真文件。在设置波形文件时，需要设置系统时钟 elk 的周期为 1MHz、输入数据 data_in 的宽度为 250μs、din_nd 的周期为 4000Hz、采样频率为 8000Hz。最后的仿真结果中 gout 和 gout_rd 是最后输出的数据和数据的指示信号，通过比较可以发现，输出 gout 和发送的 data_in 是一致的。

也可以按照上面的要求，在 MATLAB 中编写一个相应的程序，内容如下：

```
clear ; clc ; echo off ; close all ;
fs=16 ;
M=16 ;
upsample=8 ;
fb=fs/upsample*log2(M) ;
fc=4 ;
info=[1 1 0 0 1 0 1 0 0 0 1 1 0 1 0 1 1 1 1 1 1 1 0 0];
Ibit-info(1 : 2 : length(info)) ;
bit=info(2 : 2 : length(info)) ;
T=[0 1 ; 3 2] ;
for i=1 : 2 : length(Ibit)
        Ibit2=Ibit(i : i+1)+1 ;
        ISymboU(i+1)/2)=T(Ibit2(1), Ibit2(2))-1.5 ;
        bit2=bit(i : i+1)+1 ;
        Symbol((i+1)/2)=T(bit2(1), bit2(2))-1.5 ;
End
```

```
OverSamp=fs/(fb/4) ;
Delay=1 ;
alpha=0.5 ;
h_sqrt=cosine(1, OverSamp, 'fir/sqrt', alpha, Delay) ;
h_sqrt=[ −308 −5 454 1034 1675 2299 2822 3169 3291 3169 2822 2299
1675 1034 454 −5 −308] ;
Symbol_OverSample=2*kron(Symbol, [1 zeros(1, OverSamp−1)]) ;
Symbol_OverSample=2*cron(Symbol, [1 zeros(1, OverSamp−1)]) ;
SendShape_I=conv(h_sqrt, Symbol_OverSample) ;
SendShape_Q=conv(h_sqrt, Symbol_OverSample) ;
SinWave=[0 127 0 −128 0 127 0 −128] ;
CosWave=[127 0 −128 0 127 0 −128 0] ;
for i=1 : length(SendShape_Q)/8
modemwave(8*(i−1)+1 : 8*i)=SendShape_I(8*(i−1)+1 : 8*i).*CosWave−
SendShape_Q (8*(i−1)+1 : 8*i).*SinWave ;
end
    for i=1 : length(modemwave)/8
        demosemwaveI(8*(i−1)+1 : 8*i)=modemwave(8*(i−1)+1 : 8*i).*CosWave ;
        demosemwaveQ(8*(i−1)+1 : 8*i)=modemwave(8*(i−1)+1 : 8*i).*SinWave ;
end
matchfilterI=floor(conv(demosemwaveI, h_sqrt)/1024) ;
matchfilterQ=floor(conv(demosemwaveQ, h_sqrt)/1024) ;
desiondataI=matchfilterI(17 : 8 : end−17) ;
desiondata=matchfilterQ(17 : 8 : end−17) ;
for i=1 : length(desiondataI)
   if(desiondataI(i) > 1.1*10" 9)
     dataI(i)=2 ;
   elseif((1.1*10^9 > desiondataI(i))&(desiondataI(i) > 0))
     dataI(i)=3 ;
   elseif(0 > desiondataI(i)&desiondataI(i) > −1.1*10^9)
     dataI(i)=1 ;
   else
```

```
        datal(i)=0 ;
    end ;
    if(desiondata(i) > 1.1*10^9)
      data(i)=O ;
    elseif(1.1*10^9 > desiondata(i)&desiondata(i) > 0)
      data(i)=1 ;
    elseif(0 > desiondata(i)&desiondata(i) > −1.1*10^9)
      data(i)=3 ;
    else
      data(i)=2 ;
    end ;
  end
  dataoutI=reshape((de2bi(sataI，'left−msb'))'，1，8) ;
  dataoutQ=reshape((de2bi(data，'left−msb'))'1，8) ;
  dataout=reshape([dataoutI'dataoutQ']'，1，16) ;
```

得到的抽样判决数据如下：

```
    desionsataI=[1621959300 625432044 −623937845 −1564218611] ;
    desiondata=[−1336953167 1411927413 670573798 −520625304] ;
```

这和 VIIDL 的仿真数据是一样的。

第七章　通信系统关键模块开发实例

本章简单介绍自适应均衡和直接序列扩频的基本原理和设计方法，讨论自适应均衡 LMS 算法的 DSP 实现以及直接序列扩频的 FPGA 实现。

第一节　自适应均衡的 DSP 实现

一、自适应均衡的基本原理

自适应均衡器一般包含两种工作模式，即训练、跟踪模式。在训练模式中，发射机发射一个已知的、定长的训练序列，以便接收机处的均衡器可以做出正确的设置。典型的训练序列是一个二进制伪随机信号或是一串预先指定的数据，而紧跟在训练序列之后被传送的是用户数据。接收机处的均衡器将通过递归算法来评估信道特性，并且修正均衡器系数以对信道做出补偿。在设计训练序列时，要求做到即使在最差的信道条件下，均衡器也能通过这个序列获得正确的滤波器系数。这样就可以在接收训练序列后，使均衡器的滤波器系数接近于最佳值。而在接收用户数据时，均衡器的自适应算法就可以跟踪不断变化的信道。其结果是自适应均衡器将不断改变其滤波特性。

在无线通信系统中，均衡器常被放在无线接收机的基带或中频部分。因为基带包络的复数表达式可以描述带通信号波形，所以信道响应、解调信号和自适应均衡器的算法通常都可以在基带部分被仿真和实现。

图 7-1 所示是使用均衡器的通信系统的结构框图。如果 $x(t)$ 是原始信息信号，$f(t)$ 是等效的基带冲激响应，即综合反映了发射机、信道和接收机的射频、中频部分的总的传输特性，那么均衡器收到的信号可以表示成

$$y(t) = x(t) \otimes f^{*}(t) + n_{b}(t)$$

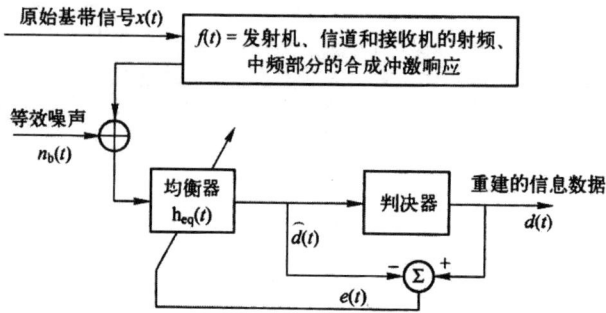

图 7-1　使用均衡器的通信系统的结构框图

式中，$f^*(t)$ 是 $f(t)$ 的复共轭函数；$n_b(t)$ 是均衡器输入端的基带噪声；$\times$ 为卷积操作符。如果均衡器的冲击响应是 $h_{eq}(t)$，则均衡器的输出为

$$\hat{d}(t) = x(t) \otimes f^*(t) \otimes h_{eq}(t) + n_b(t) \otimes h_{eq}(t)$$
$$= x(t) \otimes g(t) + n_b(t) \otimes h_{eq}(t)$$

式中，$g(t)$ 是发射机，信道接收机的射频、中频部分和均衡器四者的等效冲激响应。横向滤波均衡器的基带复数冲激响应可以描述如下：

$$h_{eq}(t) = \sum_n c_n \delta(t - nT)$$

式中，c_n 是均衡器的复数滤波系数。均衡器的期望输出值为原始信息 $x(t)$。假定 $n_b(t) = 0$，那么为了使 $\hat{d}(t) = x(t)$，必须要求

$$g(t) = f^*(t) \otimes h_{eq}(t) = \delta(t)$$

均衡器的目的就是实现上式，其频域表达式为

$$H_{eq}(f) f^*(-f) = 1$$

式中，$H_{eq}(f)$ 和 $f(f)$ 是 $H_{eq}(t)$ 和 $f^*(t)$ 所对应的傅立叶变换。

上式表明均衡器实际上是传输信道的反向滤波器。如果传输信道是频率选择性的，那么均衡器将增强频率衰落大的频谱部分，而削弱频率衰落小的频谱部分，以使所收到的频谱的各部分衰落趋于平坦，相位趋于线性。对于时变信道，自适应均衡器可以跟踪信道的变化，以使之基本满足。

二、自适应均衡的设计方法

自适应均衡器其实就是自适应滤波器，在自适应的过程中进行变换产生期望响应的估计，使滤波器输出与希望恢复的信号相同。自适应滤波是近30年以来发展起来的一种最佳滤波方法，是在维纳滤波、Kalman滤波等线性滤波基础上发展起来的。由于它具有更强的适应性和更优的滤波性能，所以在工程实际中，尤其是在信息处理技术中得到了广泛的应用。

一个带均衡器的数字通信系统的框图如图7-2所示。

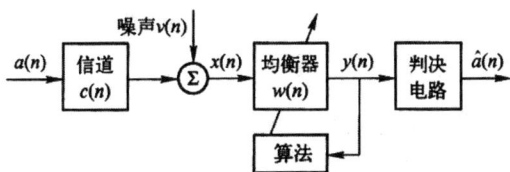

图 7-2　带均衡器的数字通信系统

均衡器的输入序列：

$$x(n) = a(n) * c(n) + v(n)$$

式中，符号 * 表示卷积；$a(n)$ 表示被传输的数字序列；$c(n)$ 为广义信道（包括发射机、传输信道、接收机三部分）；$v(n)$ 为零均值的加性高斯白噪声；$w(n)$ 为补偿信道线性失真的均衡器抽头权系数；$a(n)$ 为被传输数字序列的估计值。

传统的自适应均衡器是在数据传输开始前先发送一段接收端已知的伪随机序列，用以对均衡器进行"训练"。待训练完成后，再转换到自适应方式开始数据传输。在图7-2中，$x(n)$ 表示 n 时刻的输入信号值，$y(n)$ 表示 n 时刻的输出信号值，$d(n)$ 表示 n 时刻的参考信号值或所期望的响应信号值，误差信号 $e(n)$ 为 $d(n)$ 与 $y(n)$ 之差。自适应均衡器的均衡参数受误差信号 $e(n)$ 的控制，根据 $e(n)$ 的值而自动调整，使之适合下一时刻的输入 $x(n+1)$，自适应均衡器的设计目标是使输出 $y(n+1)$ 逼近于所期望的参考信号 $d(n+1)$。

线性横向均衡器是自适应均衡方案中最简单的形式，它的基本框图如图7-3所示。它是由多级抽头延迟线、可变增益电路及求和器组成的线性系统。其抽头间隔为码元的周期 T，它把所收到的信号的当前值和过去值按滤波器系数做线性叠加，并把生成的和作为输出。

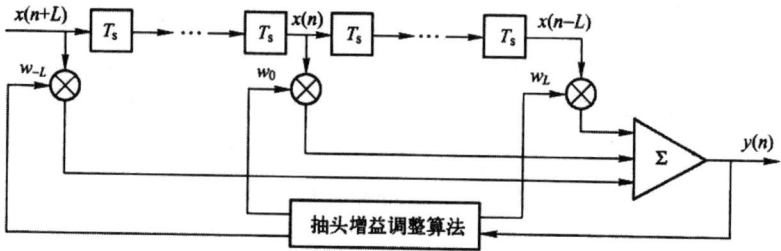

图 7-3　线性横向均衡器

用 $w(n)$ 表示图 7-3 中线性横向均衡器中滤波系数的矢量，则

$$w(n) = [w_{-L}(n)\ w_{1-L}(n) \cdots w_0(n) \cdots w_{L-1}(n)\ w_L(n)]^{\mathrm{T}}$$

用 x（n）表示均衡器输入信号矢量，则

$$x(n) = [x(n+L)\ x(n+L-1) \cdots x(n) \cdots x(n-L+1)\ x(n-L)]^{\mathrm{T}}$$

那么，输出信号 $y(n)$ 可以表示为：

$$y(n) = \sum_{i=-L}^{L} w_i(n) x(n-i) = w^{\mathrm{T}}(n)x(n)$$

式中，上角 T 表示矩阵的转置。

由上式可知，输出序列的结果与输入信号矢量 $x(n)$、均衡器的系数矢量 $w(n)$ 有关。该 $x(n)$ 为原始发送信号经过信道后产生的畸变信号，均衡器系数矢量 $w(n)$ 应根据信道特性的改变进行设计，使输出序列抽样点码间干扰为零。经过推导可得，线性横向均衡器系数矢量完全由信道的传递函数来确定。如果信道的特性发生了变化，相应的系数矢量也应随之变化，这样才能保证均衡后抽样时刻样值的码间干扰为零。

假设期望信号为 $d(n)$，则误差输出序列 $e(n)$ 为

$$e(n) = d(n) - y(n) = d(n) - w^{\mathrm{T}}(n)x(n)$$

显然，自适应均衡器的原理是用误差序列 $e(n)$ 按照某种准则与算法对自适应均衡器的系数 $w(n)$ 进行调整，最终使自适应均衡的目标函数最小化，达到最佳均衡的目的。在实际运用中，均衡系数可以通过最小均方误差准则 (MMSE) 或迫零准则来实现。线性横向均衡器的突出优点是结构简单、容易实现，因此在数字通信领域里应用非常广泛。但因结构的原因，其有两个缺点：一是噪声的增强会使线性横向均衡器无法均衡具有深度零点的信道——为了补偿信道的深度零点，线

性横向均衡器必须具有高增益的频率响应，但是这样也会放大噪声；二是线性均衡器与接收信号的幅度信息关系密切，而幅度会随着多径衰落信道中相邻码元的改变而改变，因此滤波器抽头系数的调整不是独立的。由于上述两点，线性横向均衡器在畸变严重的信道和低信噪比环境中性能较差，而且滤波器的抽头调整相互影响，因此需要更多的抽头数目。

三、自适应均衡的 MATLAB 和 DSP 实现

自适应均衡器除包括一个按照某种结构设计的滤波器外，还有一套自适应算法。自适应算法是根据一定的准则来设计的。这里介绍最常用的 LMS 算法。

经典 LMS 算法的准则是最小均方误差，即理想信号 $d(n)$ 与滤波器输出 $y(n)$ 之差 $e(n)$ 的平方值的期望值最小，并且根据这个准则来修改权系数 $w_i(\ )$，由此产生的算法称为最小均方算法 (LMS)。绝大多数对自适应滤波器的研究是基于由 Windrow 提出的 LMS 算法。这是因为 LMS 算法的设计和实现都较为简单，因而在很多应用场合都非常适用。

令 N 阶 FIR 滤波器的抽头系数为 $w_i(\ n)$，滤波器的输入和输出分别为 $x(\ n)$ 和 $y(\ n)$，则 FIR 横向滤波器方程可表示为

$$y(n) = \sum_{i=1}^{N} w_i(n)x(n-i)$$

令 $d(\ n)$ 代表"所期望的响应"，并定义误差信号

$$e(n) = d(n) - y(n)$$
$$= d(n) - \sum_{i=1}^{N} w_i(n)x(n-i)$$

采用向量形式表示权系数及输入 W 和 $X(\ n)$，可以将误差信号 $e(\ n)$ 写作

$$e(n) = d(n) - \boldsymbol{W}^{\mathrm{T}}\boldsymbol{X}(n)$$
$$= d(n) - \boldsymbol{X}^{\mathrm{T}}(n)\boldsymbol{W}$$

误差平方为

$$e^2(n) = d^2(n) - 2d(n)\boldsymbol{X}^{\mathrm{T}}(n)\boldsymbol{W} + \boldsymbol{W}^{\mathrm{T}}\boldsymbol{X}(n)\boldsymbol{X}^{\mathrm{T}}(n)\boldsymbol{W}$$

上式两边取数学期望后，得均方误差

$$E\{e^2(n)\} = E\{d^2(n)\} - 2E\{d(n)\boldsymbol{X}^{\mathrm{T}}(n)\}\boldsymbol{W} + \boldsymbol{W}^{\mathrm{T}}E\{\boldsymbol{X}(n)\boldsymbol{X}^{\mathrm{T}}(n)\}\boldsymbol{W}$$

定义互相关函数向量 $\boldsymbol{R}_{Xd}^{\mathrm{T}}$

$$R_{Xd}^{\mathrm{T}} = E\{d(n)X^{\mathrm{T}}(n)\}$$

和自相关函数矩阵

$$R_{XX} = E\{X(n)X^{\mathrm{T}}(n)\}$$

则式中的均方误差可表述为

$$E\{e^2(n)\} = E\{d^2(n)\} - 2R_{Xd}^{\mathrm{T}}W + W^{\mathrm{T}}R_{XX}W$$

这表明，均方误差是权系数向量 W 的二次函数，它是一个中间向上凸的抛物形曲面，是具有唯一最小值的函数。调节权系数使均方误差为最小，相当于沿抛物形曲面下降找最小值。可以用梯度法来求该最小值。

将均方误差对权系数 W 求导数，得到均方误差函数的梯度

$$\nabla(n) = \nabla E\{e^2(n)\} = \left[\frac{\partial E\{e^2(n)\}}{\partial W_1}, \cdots, \frac{\partial E\{e^2(n)\}}{\partial W_N}\right]^{\mathrm{T}}$$

$$= -2R_{Xd} + 2R_{XX}W$$

令 $\nabla(n)=0$，即可求出最佳权系数向量

$$W_{\mathrm{opt}} = R_{XX}^{-1}R_{Xd}$$

将 W_{opt} 代入均方误差公式，得最小均方误差

$$E\{e^2(n)\}_{\min} = E\{d^2(n)\} - R_{Xd}^T W_{opt}$$

利用上式求最佳权系数向量的精确解，需要知道 R_{XX} 和 R_{Xd} 的先验统计知识，而且需要进行矩阵求逆等运算。Widow 和 Hoff 提出了一种在这些先验统计知识未知时求 W_{opt} 的近似值的方法，习惯上称为 Widow-Hoff LMS 算法。这种算法是根据最优化方法中的最速下降法。根据最速下降法，"下一时刻"权系数向量 $W(n+1)$ 应该等于"现时刻"权系数向量 $W(n)$ 加上一个负均方误差梯度 $-\nabla(n)$ 的比例项，即

$$W(n+1) = W(n) - \mu\nabla(n)$$

式中：μ 是一个控制收敛速度与稳定性的常数，称为收敛因子。

不难看出，LMS 算法有两个关键点：梯度 $\nabla(n)$ 的计算和收敛因子 μ 的选择。

精确计算梯度 $\nabla(n)$ 是十分困难的。一种粗略的，但却十分有效的计算 $\nabla(n)$ 的近似方法是：直接取 $e^2(n)$ 作为均方误差 $E\{e^2(n)\}$ 的估计值，即

$$\hat{\nabla}(n) = \nabla[e^2(n)] = 2e(n)\nabla[e(n)]$$

式中，$\nabla[e(n)]$ 为

$$\nabla[e(n)] = \nabla[d(n) - \boldsymbol{W}^{\mathrm{T}}(n)\boldsymbol{X}(n)] = -\boldsymbol{X}(n)$$

得到梯度估值

$$\hat{\boldsymbol{\nabla}}(n) = -2e(n)\boldsymbol{X}(n)$$

Widrow–Hoff LMS 算法最终为

$$\boldsymbol{W}(n+1) = \boldsymbol{W}(n) + 2\mu e(n)\boldsymbol{X}(n)$$

下面把基于最速下降法的最小均方误差 (LMS) 算法的迭代过程总结如下。

均衡器输出：

$$y(n) = \sum_{k=1}^{N-1} w_k(n)x(n-k)$$

误差：

m 为延时，一般 $m = \dfrac{N-1}{2}$

$$e(n) = d(n+m) - y(n)$$

抽头系数迭代：

$$w_k(n+1) = w_k(n) + \beta e(n)x(n)$$

式中：$d(n)$ 为期望输出值（训练序列）；$y(n)$ 为均衡器输出值；$e(n)$ 是误差信号；N 是滤波器阶数，β 是步长因子。

例 1：在 MATLAB 软件中编写 m 程序，完成以下功能。

（1）系统仅处于训练状态。训练序列为 $\cos(2\pi \times f1 \times n / fs)$，干扰为 $0.7*\sin(2\pi \times f2 \times n / fs)$；序列长度为 128 个样点。其中，$n = 0$，$\cdots$，127，$f1 = 1\ \mathrm{kHz}$，$f2 = 3\ \mathrm{kHz}$，$fs = 8\ \mathrm{kHz}$。

（2）采用 LMS 算法，均衡器输入为训练序列加上干扰，均衡器阶数为 21 阶，步长因子 $\beta = 0.05$。

（3）假设 A/D 采样位数为 14 位，定点仿真流程如图 7-4 所示。在 MATLAB 中编写 LMS 定点算法。①绘制均衡器的输入波形；②绘制均衡器的期望输出和实际输出波形；③绘制均衡器的迭代误差波形。

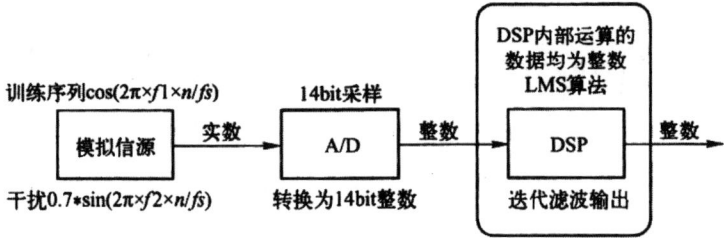

图 7-4　定点仿真实现的流程

```
clc ;
clear ;
L=100 ;                        % 输入数据长度
tap=21 ;                       % 自适应 FIR 滤波器抽头数目
M=(tap−1)/2 ;
N=L+tap−1 ;
beta=0.05 ;                    % 步长
f1=1000 ;
f2=3000 ;
fs=8000 ;
SCALE_SHIFT=13 ;
SCALE_LMS=2^SCALE_SHIFT−1 ;
beta_fixed=floor(beta*SCALE_LMS) ;
t=1 : L ;
desired=cos(2*pi*t*f1/fs) ;
noise=0o7*sin(2*pi*t*f2/fs) ;
input_float=desired+noise ;
input_fixed=floor(SCALE_LMS*input_float) ;
desirecLfixed=floor(SCALE_LMS*desired) ;
w=zeros(1， tap) ;
e=zeros(1， N) ;
error=zeros(1， N) ;
for n=1 : L−tap+1
    y=input_fixed(n : 1 : n+tap−1) ;
```

```
output(n)=floor((w*y')/SCALE_LMS) ;
e(n)=floor(desired_fixed(n-1+(tap-1)/2)-output(n)) ; % time delay is(tap-1)
/2
w=w+floor(beta_fixed*e(n)*y/SCALE_LMS/SCALE_LMS) ;
end
error=e(1 : L-tap+1) ;
figure(1) ;
plot(input_fixed) ;
title('input wave') ;
label('sampling number') ;
label('amplitude') ;
figure(2) ;
plot(output, 'g') ;
title('Red : desired wave ; Green : equalization output') ;
label('iteration number') ;
label('amplitude') ;
hold on ;
plot(desired_fixed(1 : L-tap+1), 'r') ;
hold off ;
figure(3) ;
plot(error) ;
title('equalization error') ;
label('iteration number') ;
label('error') ;
```

例 2：在 CCS 软件中编写 C 程序，完成以下功能。

（1）系统仅处于训练状态。训练序列为 $\cos(2\pi \times f1 \times n / fs)$，干扰为 $0.7*\sin(2\pi \times f2 \times n / fs)$；序列长度为 128 个样点。其中，$n = 0$，…，127，$f1 = 1$ kHz，$f2 = 3$ kHz，$fs = 8$ kHz。

（2）采用 LMS 算法，均衡器输入为训练序列加上干扰，均衡器阶数为 21 阶，步长因子 β=0.05。

（3）假设 A/D 采样位数为 14 位，定点仿真流程如图 7-4 所示。在 CCS 中编写 LMS 定点算法。①绘制均衡器的输入波形；②绘制均衡器实际输出波形；

③绘制均衡器的迭代误差波形。

```
#include < stdio. H >
#define SCALE_SHIFT 13
#define InLength 128
#define TapNum 21
#define Beta 409 //Beta=floor(0.05*8191)=409
             /*-------------------------------------
Varialles

             -------------------------------------*/
short OutLength ;
short TapMid ;
short w[TapNum] ;
short e[InLength-TapNum+1] ;
short Output_Data[InLength-TapNum+1]
short LMS_Sign[128]={
9846， -5734， -1738， -8191， -9847， 5733， 1737， 8190，
9846， -5734， -1738， -8191， -9847， 5733， 1737， 8190，
9846， -5734， -1738， -8192， -9847， 5733， 1737， 8190，
9846， -5734， -1738， -8192， -9847， 5733， 1737， 8190，
9846， -5734， -1738， -8191， -9847， 5733， 1737， 8191，
9846， -5734， -1738， -8191， -9847， 5733， 1737， 8190，
9846， -5734， -1738， -8192， -9847， 5733， 1737， 8191，
9846， -5734， -1738， -8191， -9847， 5733， 1737， 8190，
9846， -5734， -1738， -8192， -9847， 5733， 1737， 8190，
9846， -5734， -1738， -8191， -9847， 5733， 1737， 8191，
9846， -5734， -1738， -8192， -9847， 5733， 1737， 8190，
9846， -5734， -1738， -8191， -9847， 5733， 1737， 8190，
9846， -5734， -1738， -8191， -9847， 5733， 1737， 8191，
9846， -5734， -1738， -8191， -9847， 5733， 1737， 8191，
9846， -5734， -1738， -8192， -9847， 5733， 1737， 8190，
9846， -5734， -1738， -8192， -9847， 5733， 1737， 8190，
short LMS_DesiredIn[128]={
```

5791, 0, –5792, –8191, –5792, –1, 5791, 8191
5791, 0, –5792, –8191, –5792, –1, 5792, 8191
5791, 0, –5792, –8191, –5792, –1, 5792, 8191
5791, –1, –5792, –8191, –5792, –1, 5792, 8191
5791, –1, –5792, –8191, –5792, –1, 5791, 8191
5791, –1, –5792, –8191, –5792, –1, 5791, 8191
5791, –1, –5792, –8191, –5792, –1, 5791, 8191
5791, –1, –5792, –8191, –5792, –1, 5791, 8191,
5791, 0, –5792, –8191, –5792, –1, 5791, 8191,
5791, 0, –5792, –8191, –5792, –1, 5791, 8191,
5791, 0, –5792, –8191, –5792, –1, 5791, 8191,
5791, 0, –5792, –8191, –5792, 0, 5791, 8191,
5791, 0, –5792, –8191, –5792, –1, 5791, 8191,
5791, 0, –5792, –8191, –5792, 0, 5791, 8191,
5791, 0, –5792, –8191, –5792, –1, 5791, 8191,
5791, 0, –5792, –8191, –5792, 0, 5791, 8191}

```
/*---------------------------------

Functions Declaration

----------------------------------*/
void app_ini(void);
void LMS_Algorithm(void);
void main()
{
    app_ini();
    LMS_Algorithm();
    do
    {
    }while(1);
}
void app_ini(void)
{
    short i;
```

```
        Out Length=InLength-TapNum ;
        TapMid=(TapNum-1)/2 ; // 时延
        for(i=0 ; i < TapNum ; i++)
        {
            w[i]=0 ;
        }
    }
    void LMS_Algorithm(void)
    {
        short i, j, k ;
        long Temp1 ;
        long Sum ;
        long Temp2 ;
        short Temp3 ;
        long Temp3 ;
        short Temp3 ;
        for(i=0 ; i < InLength-TapNum ; i++)
        {
            Sum=0 ;
            Output_Data[i]=0 ;
            e[i]=0 ;
            for(j=0 ; j < TapNum ; j++)
            {
                ITempl=(long)w[j]*LMS_Sign[i+j] ;
                Sum=Sum+Temp1 ;
            }
            Output_Data[i]=Sum > > SCALE.SHIFT ;
            e[i]=LMS_DesiredIn[i-1+TapMid]-Output_Data[i] ;
            Temp2=(long)Beta*e[i] ;
            Temp2=Temp2 > > SCALE_SHIFT ;
            for(k=0 ; k < TapNum ; k++)
            {
```

```
        Temp3=(long)Temp2*LMS_Sign[i+k] ;
        Temp3=Temp3 > > SCALE_SHIFT ;
        w[k]=w[k]+Temp3 ;
      }
    }
  }
```

第二节 直接序列扩频的 FPGA 实现

一、直接序列扩频的基本原理

直接序列扩频系统又称为直接扩频系统 (DS-SS)，或称为伪噪声系统，记作 DS 系统。直接序列扩频的实质是用一组编码序列调制载波，其过程可以简化为将信号通过速率很高的伪随机序列进行调制将其频谱展宽，再进行射频调制（通常多采用 PSK 调制），其输出就是扩展频谱的射频信号，最后经天线辐射出去。

在接收端，射频信号经过混频后变为中频信号，将它与发送端相同的本地编码序列反扩展，使宽带信号恢复成窄带信号，这个过程就是解扩。

扩频和解扩的过程如图 7-5 所示，这是二进制序列进行直接序列扩频的功能框图。同步数据符号位有可能是信息位，也有可能是二进制编码符号位。在相位调制前以模 2 加的方式形成码片。接收端则可能会采用相干或者非相干的 PSK 解调器。

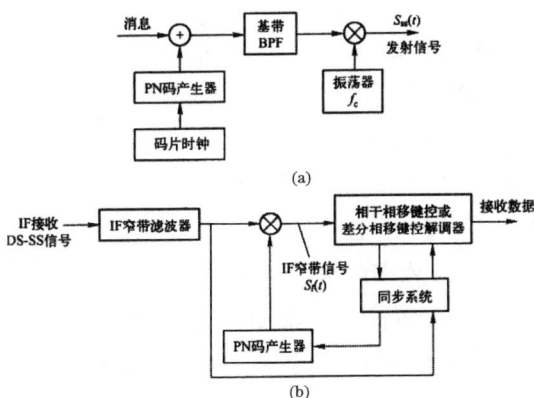

图 7-5 二进制调制 DS-SS 发射机和接收机框图

单用户接收到的扩频信号可表示如下：

$$S_{SS}(t) = \sqrt{\frac{2E_s}{T_s}} m(t)p(t)\cos(2\pi f_c t + \theta)$$

式中：$m(t)$ 为数据序列，$p(t)$ 为 PN 码序列，f_c 为载波频率，θ 为载波初始相位。

数据波形是一串在时间序列上非重叠的矩形波形，每个波形的幅度等于 +1 或者 –1。在 $m(t)$ 中每个符号代表一个数据符号且其持续周期为 T_s。在 PN 码序列 $p(t)$ 中，每个脉冲代表一个码片，通常也是幅度等于 +1 或者 –1、持续周期为 T_c 的矩形波，T_s/T_c 是一个整数。若扩频信号 $S_{ss}(t)$ 的带宽是 W_{ss}，$m(t)$ $\cos(2\pi f_c + \theta)$ 的带宽是 B，由于 $p(t)$ 扩频，则有 W_{ss} 远大于 B。

对于图 7-5 中的 DS 接收机，这里假设接收机已经达到了码元同步，接收到的信号通过宽带滤波器，然后与本地的 PN 序列 $p(t)$ 相乘。如果 $p(t)$=+1 或 –1，则 $P^2(t)$=1，这样经过乘法运算得到中频解扩频信号为

$$s_1(t) = \sqrt{\frac{2E_s}{T_s}} m(t)\cos(2\pi f_c t + \theta)$$

把这个信号作为进入解调器的输入端。因为 $s_1(t)$ 是 BPSK 信号，所以通过相关的解调就可以提取出原始的数据信号 $m(t)$。

二、直接序列扩频的设计方法

在扩频通信中，首先要设计合理的扩频码，而扩频码通常采用伪随机序列。伪随机 (Pseudorandom–Noise) 序列常以 PN 表示，称为伪码。伪随机序列是一种自相关的二进制序列，在一段周期内其自相关性类似于随机二进制序列，它的特性和白噪声的自相关特性相似。

PN 码的码型影响码序列的相关性，序列的码元（码片）长度决定扩展频谱的宽度。所以，PN 码的设计直接影响扩频系统的性能。在直接扩频任意选址的通信系统当中，对 PN 码有如下的要求。

（1）PN 码的比特率应能够满足扩展带宽的需要。

（2）PN 码的自相关要大，且互相关要小。

（3）PN 码应具有近似噪声的频谱性质（即近似连续谱），且均匀分布。

PN 码通常是通过序列逻辑电路得到的。通常应用当中的 PN 码有 m 序列、Gold 序列、Walsh 序列等多种伪随机序列。这里以 Walsh 序列为例来进行设计。

Walsh 函数具有以下基本性质。

（1）Walsh 函数是一类取值为 1 与 –1 的二元正交函数系。

（2）它有多种等价定义方法，最常用的是 Hadamard 编号法，如在 IS-95 移动通信系统中就是采用这类方法。

（3）一般，哈达码 (Hadamard) 矩阵为一个方阵，并具有如下递推关系：

$$H_1 = 1, H_2 = \begin{pmatrix} H_1 & H_1 \\ H_1 & -H_1 \end{pmatrix} = \begin{pmatrix} 1 & 1 \\ 1 & -1 \end{pmatrix}$$

$$H_4 = \begin{pmatrix} H_2 & H_2 \\ H_2 & -H_2 \end{pmatrix} = \begin{pmatrix} 1 & 1 & 1 & 1 \\ 1 & -1 & 1 & -1 \\ 1 & 1 & -1 & -1 \\ 1 & -1 & -1 & 1 \end{pmatrix}$$

$$H_{2^r} = \begin{pmatrix} H_{2^{r-1}} & H_{2^{r-1}} \\ H_{2^{r-1}} & -H_{2^{r-1}} \end{pmatrix}, r = 1, 2, \cdots$$

（4）Walsh 函数集合是完备的，即长度为 $n = 2^r$ 的 Walsh 序列可以构成 $n = 2^r$ 相互正交的序列。

三、直接序列扩频的 MATLAB 和 FPGA 实现

例 3：在 MATLAB 软件中编写 m 程序，完成以下功能。

（1）采用直接序列扩频方式发送二进制信息序列。

（2）二进制序列长度为 10000，随机产生双极性码。

（3）扩频码采用 16 位 Walsh 序列。

（4）信道为 AWGN 信道，码片信噪比分别为 0 dB、2 dB、4 dB、6 dB 和 8 dB。

（5）接收端经过解扩以后，①绘制输入信号波形；②绘制扩频后信号波形；③绘制 0 ~ 8dB 范围内信号解扩以后的误码率曲线。

```
clc ;
clear ;
G=16 ;
TotalBits=160000 ;
Nb=TotalBits/G ;
codes=hadamard(G) ;
b=2*round(rand(1，Nb))-1 ;
```

```
SpreadCode=codes(3，:)；
SpreadChip=zeros(1，TotalBits)；
SpreadChip=kron(b，SpreadCode)；
LEN_VIEW=64；
View-S=[1：LEN_VIEW]；
View_B=[1：(LEN_VIEW/G)]；
figure(1)；
subplot(2，1，1)；stem(View_B，b(View_B))；
axis([1 LEN_VIEW/G-1 1])；
title('输入信号波形')；
label('采样点')；
label('幅度')；
subplot(2，1，2)；stem(View_S，SpreadChip(View_S))；
axis([1 LEN_VIEW-1 1)；
title('扩频后信号波形')；
label('采样点)；
label('幅度')；
SNR_in_dB=0：2：8；
for j=1：length(SNR_in_dB)
    dB=SNR_in_dB(j)
    SNR=10.A(SNR_in_dB(j)/20)*sqrt(1/G)；
    ChipPower=mean(spreadChip.^2)；
    AWGN=rand(1，TotalBits)；
    AWGNPower=mean(AWGN.^2)；
    sigma=1/sqrt(2)*sqrt(ChipPower)/sqrt(AWGNPower)/SNR；
    ReceiveChip=SpreadChip+sigma*AWGN；
    ReshapeChip=reshape(ReceiveChip，G，length(ReceiveChip)/G)；
    y=SpreadCode*ReshapeChip；
    output=sign(y)；
    Ps(j)=biter((b+1)/2，(output+1)/2)/Nb；
end；
figure(2)
```

```
semilog(SNR_in_dB，Ps，'– –*')；
title('AWGN 信道下信号解扩误码率 ')；
xlabeir(' 信噪比 ')；
ylabeir(' 误码率 ')；
```

例 4：在 Quartus Ⅱ软件中编写 VHDL 程序，完成以下功能。

（1）采用直接序列扩频方式发送二进制信息序列。

（2）扩频码采用 16 位 Walsh 序列。

（3）生成扩频后信号波形。

```
library IEEE；
use IEEE.STD_LOGIC_1164.ALL；
use IEEE.STD_LOGIC.ARITH.ALL；
use IEEE.STD_LOGIC_UNSIGNED.ALL；
entity ds_spread is
port(
    acle : in std_logic；
    data_in : in std_logic；
    pn : in std_logic；
    data_out : out std_logic
)；
end ds_spread；
architecture Behavioral of ds_spread is
begin
    process(acle)
        begin
            if acle='1'then
                data_out < ='0'；
                else
                    data_out < =data_in xor pn；
                end if；
        endprocess；
end Behavioral；
```

参考文献

[1] 欧阳名三.DSP 原理与技术 [M]. 合肥：合肥工业大学出版社 , 2009.

[2] 霍伟 . 机器人动力学与控制 [M]. 北京：高等教育出版社 , 2005.

[3] 孟宪元 , 钱伟康 .FPGA 嵌入式系统设计 [M]. 北京：电子工业出版社 , 2007.

[4] 江思敏 .VHDL 数字电路及系统设计 [M]. 北京：机械工业出版社 , 2006.

[5] 王苏滨 . 显示控制系统技术基础 [M]. 北京：人民邮电出版社 , 2006.

[6] 黄智伟 .FPGA 系统设计与实践 [M]. 北京：电子工业出版社 , 2005.

[7] 柳朝阳 , 周晓平 . 计算机图形学 [M]. 西安：西安电子科技大学出版社 , 2005.

[8] [美]JamesD.Foley. 计算机图形学导论 [M]. 北京：机械工业出版社 , 2004.

[9] [美]MelSlater. 计算机图形学与虚拟环境 [M]. 北京：机械工业出版社 , 2004.

[10] 刘书明 .Tiger SHARC DSP 应用系统设计 [M]. 北京：电子工业出版社 , 2004.

[11] 孙智博 . 嵌入式设备驱动开发精解 [M]. 北京：人民邮电出版社 , 2013.

[12] 汪安民 , 张松灿 , 常春藤 .TMS320C6000 DSP 实用技术与开发案例 [M]. 北京：
人民邮电出版社 , 2008.

[13] 于凤芹 .TMS320 C6000 DSP 结构原理与硬件设计 [M]. 北京：北京航空航天大
学出版社 , 2008.

[14] 张勇 .TMS320 C5000 系列 DSP 汇编语言程序设计 [M]. 西安：西安电子科技
大学出版社 , 2004.

[15] [美]Lloyd N.Trefethen. 数值线性代数 [M]. 北京：人民邮电出版社 , 2006.

[16] 黄明游 , 刘播 , 徐涛 . 数值计算方法 [M]. 北京：科学出版社 , 2005.

[17] 蔺小林 , 蒋耀林 . 现代数值分析 [M]. 北京：国防工业出版社 , 2004.

[18] [美]G.H. 戈卢布 ,C.F. 范洛恩 . 矩阵计算 [M]. 北京：科学出版社 , 2001.

[19] 徐树方 . 数值线性代数 [M]. 北京：北京大学出版社 , 2000.

[20] 田素云 , 徐文波 .Xilin FPGA 开发实用教程 [M]. 北京：清华大学出版社 ,
2008.

[21]　彭启琮 , 管庆 .DSP 集成开发环境 [M]. 北京：电子工业出版社 , 2004.

[22]　杨小牛 . 软件无线电原理与应用 [M]. 北京：电子工业出版社 , 2001.

[23]　张贤达 , 保铮 . 通信信号处理 [M]. 北京：国防工业出版社 , 2000.

目　录